辽宁乡村振兴农业实用技术丛书

辽宁淡水鱼绿色高效养殖技术

主　编　杨培民

东北大学出版社

·沈　阳·

ⓒ 杨培民 2024

图书在版编目（CIP）数据

辽宁淡水鱼绿色高效养殖技术 / 杨培民主编.

沈阳：东北大学出版社，2024.12. -- ISBN 978-7
-5517-3726-5

Ⅰ. S965.1

中国国家版本馆 CIP 数据核字第 20256MB668 号

出 版 者：东北大学出版社
　　　　　地址：沈阳市和平区文化路三号巷 11 号
　　　　　邮编：110819
　　　　　电话：024-83683655（总编室）
　　　　　　　　024-83687331（营销部）
　　　　　网址：http://press.neu.edu.cn
印 刷 者：辽宁一诺广告印务有限公司
发 行 者：东北大学出版社
幅面尺寸：145 mm×210 mm
印　　张：8
字　　数：222 千字
出版时间：2024 年 12 月第 1 版
印刷时间：2025 年 1 月第 1 次印刷
责任编辑：王　旭
责任校对：周　朦
封面设计：潘正一
责任出版：初　茗

ISBN 978-7-5517-3726-5　　　　　定　价：38.00 元

前　言

　　我国淡水养殖业历史悠久，早在公元前 1142 年就有凿池养鱼的记载。春秋战国时期，鲤鱼养殖初具规模，商圣范蠡将当时劳动人民的养鱼经验编著成《养鱼经》，这也是世界上最早的养鱼专著。淡水鱼大规模养殖可追溯到唐代，唐代诗人白居易有诗提及："小萍加泛泛，初蒲正离离。红鲤二三寸，白莲八九枝。"可见，唐代淡水鱼养殖已经非常普遍。新中国成立以后，尤其是改革开放以来，我国淡水养殖业进入了快速发展期，产量、规模持续增加，生产方式也由最初的散户手工劳动向集约化、设施化、机械化、信息化、智能化发展。

　　辽宁地处我国淡水鱼类分布的过渡地带，为许多冷水性鱼类分布的南界和温水性鱼类分布的北界。辽宁境内有鸭绿江、辽河、大凌河等大小河流 400 余条，建有水库 970 多座，蕴含着丰富的野生鱼类资源，其中鸭绿江水系鱼类多达 107 种，辽河水系鱼类 90 多种。水域资源和鱼类自然资源禀赋突出，为辽宁发展淡水鱼养殖提供了很好的鱼类种质资源储备和自然基础条件。辽宁淡水养殖尤其是池塘养殖较为发达，《2024 中国渔业统计年鉴》数据表明，辽宁以仅占全国 1.39% 的池塘面积，实现了全国淡水鱼总产量 2.60% 的高产出率，池塘养殖平均亩产位居全国第一，淡水池塘养殖技术处于全国领先地位。此外，2023 年辽宁淡水养殖产量为 81.20 万吨，其中淡水鱼养殖产量达到 72.14 万吨，占

1

全省同期淡水养殖产量的 88.84%，淡水鱼养殖在辽宁淡水养殖业中占主导地位。

随着养殖规模的日益扩大，一系列问题逐渐浮现，包括品种结构的不合理性、养殖模式的粗放性、养殖收益的低迷及病害防治的严峻挑战等。针对上述问题，辽宁省农业科学院所属淡水水产科学研究院组织科研生产一线的专家，以"绿色发展"理念为指导，从养殖品种、养殖技术、养殖模式、病害防治和智慧渔业多方面入手，总结提炼了近几年的科研实践成果，编撰形成本书。本书作为"辽宁乡村振兴农业实用技术丛书"的分册，在编写上注重理论与实践相结合、技术与案例并举，语言上浅显易懂，排版上图文并茂，突出可读性和实用性。

本书由辽宁省农业科学院所属淡水水产科学研究院杨培民研究员任主编。本书共分为四章：第一章"大宗淡水鱼绿色高效养殖技术"由闫有利、李敬伟编写；第二章"特色淡水鱼绿色健康养殖技术"由刘义新、徐浩然、金广海、王雷编写；第三章"辽宁淡水鱼常见病害的诊断及防治"由胡宗云编写；第四章"智慧渔业发展现状与应用案例"由杨培民、朱春月编写。本书由徐浩然统稿。

由于编者水平有限，且养殖技术和养殖模式不断更新，本书中纰漏在所难免，恳请读者批评指正。

编　者

2024 年 10 月

目　录

第一章　大宗淡水鱼绿色高效养殖技术

🍀 第一节　辽宁大宗淡水鱼养殖概况

大宗淡水鱼为青、草、鲢、鳙、鲤、鲫、鲂（鳊）7 种鱼的统称。辽宁作为全国淡水养殖的主要省份之一，截至 2023 年底，全省拥有池塘、水库、稻田等淡水养殖面积 19.23 万公顷，淡水养殖总产量为 81.20 万吨，其中淡水鱼产量为 72.14 万吨，虾蟹蛙等产量为 9.06 万吨，年产值为 109.62 亿元。全省大宗淡水鱼养殖产量为 62.92 万吨，占淡水养殖总产量的 77.49%，占淡水鱼产量的 87.22%。其中，鲤鱼养殖产量为 31.31 万吨，占大宗淡水鱼养殖产量的 49.76%。全省仍然以大宗淡水鱼养殖为主，鲤鱼是主要养殖品种。全省大宗淡水鱼养殖模式主要涵盖中部地区以沈阳、辽阳、鞍山、营口、盘锦为中心的池塘精养模式，以及丹东鸭绿江地区的网箱设施养殖和全省范围内的大水面人工增养殖模式。

在产业健康发展的同时，大宗淡水鱼养殖如何通过科技创新和技术研发来推动产业高质量发展？如何由量的增长转变为量的合理增长和质的有效提升？如何有效进行水质调节和病害综合防治？如何在践行"绿色发展"理念的同时实现企业增效、渔民致富，使辽宁大宗淡水渔业再上一个新台阶？这些是产业发展面临的关键问题。为此，我们在吸收产业发展最新科研成果的基础上，对全省大宗淡水鱼品种的养殖现状、存在问题和养殖技术进行了阐述和分析，以进一步优化全省淡水渔业品种结构，创新渔业生产方式，满足市场多元化需求，促进全省淡水渔业高质量发展，从而实现多品种主养、多形式套养、大水面增养殖、特色养殖、休闲渔业、设施渔业的全面发展。

❀ 第二节　大宗淡水鱼新品种引进与示范

一、鲤

（一）生物学特性

鲤（*Cyprinus carpio*）（图1-1），鲤形目（Cypriniformes），鲤科（Cyprinidae），鲤亚科（Cyprininae），鲤属（*Cyprinus*），因鳞有十字纹理，所以名鲤，别名鲤拐子、鲤子、毛子、红鱼。

图1-1　鲤

鲤体长，略侧扁，背部在背鳍前稍隆起。口下位或亚下位，呈马蹄形。有吻须一对，较短；颌须一对，其长度为吻须的2倍。腹部圆。鳞片大而圆。侧线明显，微弯，侧线鳞36枚。背鳍长，臀鳍短。背鳍、臀鳍第三棘为粗壮的带锯齿的硬棘。尾鳍呈深叉形。

鲤鱼是我国主要淡水经济鱼类之一，原产亚洲，后被引入欧洲、北美及其他地区。鲤鱼具有杂食性特征，适应性强，可在各类水域中生活，为广布温水性鱼类，生存水温为 0.5~35 ℃，喜在水体下层活动，全年均有生产，以春秋两季产量较高。

鲤鱼一般 3~4 龄性成熟。成熟年龄各地有差异，黑龙江要晚成熟一年，长江以南要早成熟一年。通常，雄性要比雌性早成熟一年。怀卵量变幅为 5 万~160 万粒，一般随鲤鱼体长增长而增加。产卵水温一般在 18 ℃以上，产黏性卵，受精卵在水温 19~25 ℃时，约经 5 昼夜孵化出苗。

（二）养殖技术

鲤鱼一般采用池塘投喂配合颗粒饲料主养搭配鲢、鳙的养殖模式（图 1-2）。大部分两年养成，即第一年养殖鱼种，亩①放养

图 1-2 鲤鱼精养池塘

---

① 亩为非法定计量单位，1 亩≈666.7 米²，此处使用为便于读者理解，兼顾生产应用习惯，下同。——编者注

鲤夏花苗种 1 万~2 万尾，当年鲤鱼种规格达到 100~200 克/尾，养殖成活率平均为 98%，平均亩产量为 2205 kg。第二年养殖鲤成鱼，亩放养规格为 100~200 克/尾的鲤鱼种 1500~2000 尾，当年商品鲤规格达到 1250~1600 克/尾，养殖成活率平均为 99%，平均亩产量为 2469 kg。

（三）主要养殖品种

1. 松荷鲤（品种登记号：GS-01-002-2003）

松荷鲤（图 1-3），由中国水产科学研究院黑龙江水产研究所创制。该品种抗寒能力强，冰下自然越冬存活率在 95% 以上，生长速度比黑龙江鲤快 91.2% 以上。"十二五"至"十四五"期间，辽宁开展了松荷鲤苗种扩繁，以及鱼种和成鱼池塘和网箱大面积养殖，取得了较高的养殖产量和较好的经济效益。

图 1-3　松荷鲤

2. 福瑞鲤（品种登记号：GS-01-003-2010）

福瑞鲤（图 1-4），由中国水产科学研究院淡水渔业研究中心创制。该品种生长速度快，比普通鲤提高 20% 以上，比建鲤提高 13.4%；体形好，为消费者喜爱的长体形，体长与体高比约为 3.65；饵料系数低，鱼种养殖比建鲤降低 8%。"十二五"至"十四五"期间，辽宁开展了福瑞鲤苗种引进和扩繁，以及鱼种和成鱼池塘和网箱大面积养殖，取得了较高的养殖产量和较好的经济效益。

图1-4　福瑞鲤

3. 易捕鲤（品种登记号：GS-01-002-2014）

易捕鲤（图1-5），由中国水产科学研究院黑龙江水产研究所创制。该品种起捕率高，在相同池塘养殖条件下，1龄鱼起捕率达到93%以上，2龄鱼起捕率达到96%以上；生长速度和成活率与松荷鲤相近。"十三五"至"十四五"期间，辽宁在铁岭、辽阳、营口、丹东、本溪等地水库对易捕鲤开展了人工增殖放养，取得了较好的经济效益。

图1-5　易捕鲤

4. 津新鲤2号（超级鲤）（品种登记号：GS-02-006-2014）

津新鲤2号（图1-6），由天津市换新水产良种场创制。在相同的养殖环境与条件下，1龄鱼的平均体重比父母本分别提高52.0%和21.3%，2龄鱼的平均体重比父母本分别提高53.3%和24.8%；养殖成活率可达98.0%；比其他鲤性成熟晚1～2年。辽宁营口地区、沈阳辽中和新民地区有养殖户采用池塘养殖津新鲤

2号，取得了较高的养殖产量和较好的经济效益。

图1-6　津新鲤2号

5. 福瑞鲤2号（品种登记号：GS-01-003-2017）

福瑞鲤2号（图1-7），由中国水产科学研究院淡水渔业研究中心创制。该品种体形修长，苗种质量稳定。与同龄普通养殖鲤相比，其生长速度平均提高22.9%，成活率平均提高6.5%。"十三五"至"十四五"期间，辽宁开展了福瑞鲤2号苗种引进和扩繁，进行了鱼种和成鱼池塘和网箱大面积养殖示范，取得了较高的养殖产量和较好的经济效益。

图1-7　福瑞鲤2号

6. 建鲤2号（品种登记号：GS-01-004-2021）

建鲤2号（图1-8），由中国水产科学研究院淡水渔业研究中心创制。该品种在相同养殖条件下，与建鲤相比，具有生长快、体形好、规格整齐度高等特点；1龄鱼生长速度平均提高

17.7%，而且体形匀称修长，体长与体高比平均值为 3.11。"十三五"至"十四五"期间，辽宁开展了建鲤 2 号苗种引进和扩繁，进行了鱼种和成鱼池塘和网箱养殖示范，取得了较高的养殖产量和较好的经济效益。

图 1-8　建鲤 2 号

7. 鲤"龙科 12 号"（优质鲤）（品种登记号：GS-01-004-2023）

鲤"龙科 12 号"（图 1-9），由中国水产科学研究院黑龙江水产研究所创制。该品种生长速度快、成活率高，且营养丰富、口感细腻、味道鲜美。与目前市场上主要销售的鲤相比，其肌间脂肪、EPA、DHA、粗脂肪等含量更高，肌肉剪切力小，鱼肉色泽、弹性、嫩滑度和质感方面更优异，且烹饪后无土腥味。"十四五"期间，辽宁开展了鲤"龙科 12 号"苗种引进和扩繁，进行了鱼种和成鱼池塘和网箱养殖示范，取得了较高的养殖产量和较好的经济效益。

图 1-9　鲤"龙科 12 号"

8. 松浦镜鲤（品种登记号：GS01-001-2008）

松浦镜鲤（图1-10），由中国水产科学研究院黑龙江水产研究所创制。该品种头小背高，可食部分比例大，鳞片少，无鳞率达66.67%；与德国镜鲤选育系（F₄）相比，生长速度快30%以上；1龄鱼和2龄鱼平均养殖成活率分别为96.95%和96.44%。"十二五"至"十四五"期间，辽宁开展了松浦镜鲤苗种引进和扩繁，进行了鱼种和成鱼池塘和网箱大面积养殖示范，取得了较高的养殖产量和较好的经济效益。

图1-10　松浦镜鲤

9. 松浦红镜鲤（红金钱）（品种登记号：GS-01-001-2011）

松浦红镜鲤（图1-11），由中国水产科学研究院黑龙江水产研究所创制。该品种具观赏性，生长速度和养殖成活率与散鳞镜鲤无显著差异，1龄鱼和2龄鱼当年个体平均净增重199.53 g和1129.53 g，平均养殖成活率为96.17%和95.82%，平均越冬成活率为95.24%和97.63%。"十二五"至"十三五"期间，辽宁宽甸网箱养殖松浦红镜鲤，取得了较高的养殖产量和较好的经济效益。

松浦红镜鲤适宜在全国人工可控的淡水水体中养殖。

图 1-11　松浦红镜鲤

10. 镜鲤"龙科 11 号"（抗病镜鲤）（品种登记号：GS-01-001-2022）

镜鲤"龙科 11 号"（图 1-12），由中国水产科学研究院黑龙江水产研究所、丹东英波鸭绿江生态科技股份有限公司、辽宁省淡水水产科学研究院联合创制。该品种在相同养殖条件下，与德国镜鲤选育系相比，2 龄鱼池塘和网箱养殖成活率分别提高 14.8% 和 31.5%；无鳞个体比例提高 23.3%，占比达 60.0%。"十二五"至"十三五"期间，辽宁开展了镜鲤"龙科 11 号"苗种引进和扩繁，进行了鱼种和成鱼池塘和网箱养殖示范，取得了较高的养殖产量和较好的经济效益。

图 1-12　镜鲤"龙科 11 号"

二、鲫

（一）生物学特性

鲫（*Carassius auratus*）（图 1-13），属鲤形目，鲤科，鲤亚科，鲫属（*Carassius*），俗名鲫瓜子、鲫壳子、鲫拐子、月鲫仔、土鲫、细头、鲋鱼、寒鲋。一般体长 15～20 cm。体侧扁而高，体较厚。腹部圆。头短小，吻钝。无须。鳞片大。侧线微弯。背鳍长，外缘较平直。背鳍、臀鳍第 3 根硬刺较强，后缘有锯齿。胸鳍末端可达腹鳍起点。尾鳍呈深叉形。一般体背面灰黑色，腹面银灰色，各鳍条灰白色。

图 1-13　鲫

鲫鱼是我国重要食用鱼类之一，以 2—4 月和 8—12 月的最为肥美。鲫鱼具有杂食性特征，适应性非常强，广泛分布于全国各地，不论在深水或浅水、流水或静水、32 ℃高温水或 0.5 ℃低温水中，均能生存。即使在 pH 值为 9.0 的强碱性水域，如盐度高达 0.45% 的达里湖，鲫鱼仍然能生长繁殖。

鲫鱼在我国东北地区一般 2～3 龄性成熟，在海河和长江水系 1 龄即达性成熟。怀卵量一般随年龄和体长、体重的增长而增加。长江水系 1 龄成熟的雌鱼怀卵量仅为 4000～5000 粒，5 龄鱼怀卵量为 9.3 万～11.6 万粒。东北地区 2～9 龄成熟雌鱼怀卵量为

2.8 万~8.8 万粒。产卵水温一般在 18 ℃以上，产黏性卵，受精卵在水温 17~19 ℃时，约经 4 昼夜孵化出苗。

鲫鱼经过人工养殖和选育，可以产生许多新品种，如金鱼就是由此产生的一种观赏鱼类。

（二）养殖技术

鲫鱼一般采用池塘投喂配合颗粒饲料主养搭配鲢的养殖模式。大部分两年养成，即第一年养殖鱼种，亩放养鲫夏花苗种 1 万尾，搭配鲢夏花 6000~8000 尾，当年鲫鱼种规格达到 100 克/尾，养殖成活率平均为 90%，平均亩产量为 900 kg。第二年养殖鲫成鱼，亩放养规格为 100 克/尾的鲫鱼种 3500 尾，搭配鲢，当年商品鲫规格达到 400 克/尾，养殖成活率平均为 95%，平均亩产量为 1330 kg。也可采取池塘主养鲤和草鱼搭配养殖鲫成鱼，亩放养规格为 75 克/尾的鲫鱼种 500 尾，当年商品鲫规格达到 350 克/尾，养殖成活率平均为 100%，平均亩产量为 175 kg。

（三）主要养殖品种

鲫鱼主要养殖品种有彭泽鲫，异育银鲫，黄金鲫，异育银鲫中科 3 号、5 号，长丰鲫，合方鲫，松浦银鲫，其中异育银鲫中科 3 号为农业农村部主推品种。

1. 异育银鲫中科 3 号（品种登记号：GS-01-002-2007）

异育银鲫中科 3 号（图 1-14），由中国科学院水生生物研究所创制。该品种生长速度快，比高背鲫快 13.7%~34.4%，出肉率高 6%以上；遗传性状稳定；体色银黑，鳞片紧，不易脱落；寄生于肝脏的碘泡虫病发病率低。"十二五"至"十四五"期间，辽宁开展了异育银鲫中科 3 号苗种引进和扩繁，进行了池塘和网箱大面积养殖示范，取得了较高的养殖产量和较好的经济效益。

图1-14　异育银鲫中科3号

2. 长丰鲫（品种登记号：GS-04-001-2015）

长丰鲫（图1-15），由中国水产科学研究院长江水产研究所创制。该品种生长速度比普通银鲫提高20.0%以上，口感细嫩，后代全为雌性个体，养殖中无自繁。鳞片紧密，不易脱落。长丰鲫适宜在全国人工可控的淡水水体中养殖。

图1-15　长丰鲫

3. 合方鲫（品种登记号：GS-02-001-2016）

合方鲫（图1-16），由湖南师范大学和湖南岳麓山水产育种科技有限公司联合创制。该品种具有体形和体色与野生鲫接近、生长速度快（1龄鱼平均体重可达350克/尾，2龄鱼平均体重可达750克/尾）、抗逆性强、肉质甜美、蛋白质含量高（17.70%）、呈味氨基酸含量高（6.26%）等优点。合方鲫适宜在全国人工可控的淡水水体中养殖。"十四五"期间，辽宁已经开展了苗种引进养殖。

图 1-16　合方鲫

4. 松浦银鲫（品种登记号：GS-01-005-1996）

松浦银鲫（图 1-17），由中国水产科学研究院黑龙江水产研究所创制。该品种具有生长快、个体大、肉质优良、经济价值高等特点。松浦银鲫适宜在全国人工可控的淡水水体中养殖。"十四五"期间，辽宁已经开展了苗种引进和扩繁。

图 1-17　松浦银鲫

三、鲢

（一）生物学特性

鲢（*Hypophthalmichthys molitrix*）（图 1-18），又名白鲢，隶属鲤形目，鲤科，鲢亚科，鲢属（*Hypophthalmichthys*）。个体大，

体侧扁，稍高，腹部扁薄，腹棱自胸鳍基部前下方至肛门。鲢通常栖息于水体上层，性活泼，善跳跃。

图 1-18　鲢

鲢对温度的适应幅度较大，在 0.5~38 ℃水中都能存活，适宜温度为 20~32 ℃，繁殖的最适宜温度为 22~26 ℃，摄食和生长的最适宜温度为 25~32 ℃。鲢是家鱼中最不耐低氧的鱼类，在温度等条件适宜情况下，当水中溶解氧的质量浓度达到 5.5 mg/L 时方可正常生长发育。

鲢是典型的滤食性鱼类，主要吃浮游植物，这与其滤食器官的形态构造有关。鲢生长快，体长增长以 3~4 龄较快，4 龄后生长明显变慢；体重增长以 3~6 龄增长最快。

鲢在自然状态下产卵，需要有水流的环境、适宜的水温和一定的涨水条件。人工繁殖也要模拟这些自然条件。鲢的相对怀卵量较大，一般每克体重怀卵量为 116 粒；卵为"浮性卵"，即浮在流水层中，在静水中则下沉。

（二）养殖技术

鲢鱼一般为池塘搭配养殖品种。大部分两年养成，即第一年养殖鱼种，亩放养鲢夏花苗种 1500~2000 尾，当年鲢鱼种规格达到 75~100 克/尾，养殖成活率平均为 100%，平均亩产量为153 kg。第二年养殖鲢成鱼，亩放养规格为 75~100 克/尾的鲢鱼种 50~100 尾，当年商品鲢规格达到 1250 克/尾，养殖成活率平均为 100%，平均亩产量为 94 kg。

（三）养殖新品种：长丰鲢（品种登记号：GS-01-001-2010）

长丰鲢（图1-19），由中国水产科学研究院长江水产研究所创制。该品种体形好、背高肥厚、个体整齐，遗传性状稳定、脊间刺少、烹饪容易。2龄鱼生长速度比普通鲢平均提高13.3%～17.9%，平均增产14%～25%；3龄鱼生长速度比普通鲢平均提高20.47%。"十二五"至"十四五"期间，辽宁开展了长丰鲢苗种引进，进行了鱼种和成鱼池塘、水库大面积养殖示范，取得了较高的养殖产量和较好的经济效益。

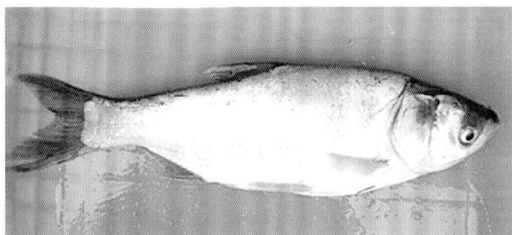

图1-19　长丰鲢

四、草鱼

（一）生物学特性

草鱼（*Ctenopharyngodon idellus*）（图1-20），属鲤形目，鲤科，雅罗鱼亚科（Leuciscinae），草鱼属（*Ctenopharyngodon*），俗名鲩、鲩鱼、油鲩、草鲩、白鲩、草根（东北地区）、厚子鱼（鲁南地区）、海鲩（南方地区）、混子、黑青鱼等。体延长，略呈圆筒形，头部稍平扁，尾部侧扁；口呈弧形，无须；上颌略长于下颌；体呈浅茶黄色，背部青灰，腹部灰白，胸、腹鳍略带灰黄，其他各鳍浅灰色，腹部无棱。

草鱼为中国特有鱼类，分布于各大水系，生存水温为0.5～35℃，一般喜居于水的中上层和近岸多水草区域；性活泼，游泳

图1-20 草鱼

迅速，常成群觅食，为典型的草食性鱼类。草鱼生长迅速，体长增长最快时期为1~2龄，体重增长则以2~3龄为最快，当4龄鱼达性成熟后，增长显著减慢。

草鱼成熟年龄南早北晚，黑龙江雄性6龄、雌性7龄成熟。长江、钱塘江4龄成熟。最小成熟型雄鱼体长55~65 cm，体重2.65~4.20 kg；雌鱼体长55.0~67.2 cm，体重3~5 kg。草鱼产卵期在北方为6—7月，在南方为4—7月，产卵场在江河有回旋流和泡涡流处。怀卵量一般随年龄和体长、体重的增长而增加，一般为50万~90万粒。受精卵为浮性卵，当水温在19.4~21.2 ℃时，经35~40 h孵化出苗。

（二）养殖技术

草鱼养殖主要集中在沈阳、辽阳、鞍山、营口和盘锦地区的池塘养殖及宽甸鸭绿江的网箱养殖，多数采用池塘投喂配合颗粒饲料主养搭配鲢、鳙、鲫的养殖模式。传统养殖一般两年养成，即第一年养殖鱼种，亩放养草鱼夏花苗种1万尾，搭配鲢、鳙、鲫，当年草鱼种规格达到150克/尾，养殖成活率平均为85%，平均亩产量为1275 kg。第二年养殖草鱼成鱼，亩放养规格为150克/尾的草鱼鱼种1000~2000尾，当年商品鲫规格达到1250~1500克/尾，养殖成活率平均为90%，平均亩产量为1856 kg。但在我国北方地区，在传统养殖模式下，草鱼在第二年养殖易发病害，养殖户在生产实践中发现，草鱼采用三年养殖成鱼的病害较少，而且容易管理。即第一年亩放养草鱼夏花1.5万~2.0万尾，搭配鲢、鳙、鲫，采用 70% 投饵技术控制、30% 技术管理控制方法，当年养殖草鱼体均重为 25 g，不分塘；第二年使用同样技术方法，使养殖草鱼体均重为 225 g；第三年分塘养殖，亩放养规格为 225 克/尾的草鱼鱼种 2000~3000 尾，搭配鲢、鳙、鲫，当年商品草鱼体均重为 1500 g，养殖成活率平均为 96%，平均亩产量为 3600 kg。

（三）主要养殖品种

1. 沪苏 1 号（品种登记号：GS-01-002-2024）

沪苏 1 号（图 1-21），由上海海洋大学联合 7 家公司创制，是我国首个国审草鱼新品种。该品种以江苏邗江野生草鱼为基础群体、以体重为目标性状，采用家系选育技术，经连续 4 代选育而成。在相同的养殖条件下，与未经选育的草鱼相比，其 2 龄体重提高 19.7%。沪苏 1 号适宜在全国人工可控的淡水水体中养殖。

图 1-21 沪苏 1 号

2. 草鱼快长新品系

草鱼快长新品系（图 1-22），由中国水产科学研究院珠江水产研究所创制。该品种具有生长快、肉质好、蛋白质含量高、耐低氧、抗病力强、草食为主（饲料来源广）、易养殖、成本低等优点。"十三五"至"十四五"期间，辽宁开展了草鱼快长新品系苗种引进，进行了鱼种和成鱼池塘养殖示范，取得了较高的养殖产量和较好的经济效益。

图 1-22　草鱼快长新品系

❀ 第三节　大宗淡水鱼绿色养殖模式

一、辽河口网箱暂养大宗淡水鱼"提质增效"关键技术模式

辽宁大宗淡水鱼养殖产业在健康发展的同时，如何通过科技创新和技术研发来提升和推动淡水渔业高质量发展，如何由量的增长转变为量的合理增长和质的有效提升，以促进全省大宗淡水鱼养殖可持续健康绿色发展，实现企业增效、渔民致富，使辽宁淡水渔业再上一个新台阶，是产业未来面临的关键问题。为此，辽宁省农业科学院所属淡水水产科学研究院依托"国家大宗淡水鱼产业技术体系沈阳综合试验站建设项目"，联合中国农业大学、国家大宗淡水鱼体系质量安全与营养品质评价岗位专家（图 1-23），与盘锦辽河绿水湾休闲娱乐有限公司（现为盘锦辽河绿水湾运营管理有限公司）共同开展了"池塘大宗淡水鱼网箱暂养'提质增效'关键技术研究与示范应用"项目（图 1-24）。利用辽宁省盘锦市大洼区西安镇辽河段入海口的地域优势，在盐度为 0.3%~0.8% 的水域中放置网箱，将池塘养殖的鲤、鲫和草鱼等大宗淡水鱼成鱼放养于网箱中暂养 20~45 d，定期少量投喂全价

膨化配合饲料，使鱼肉品质得到明显改善，口感鲜香，以此打造辽河口"经过涨潮海水洗礼过的淡水鱼，质量优于或等于海水鱼"的品牌，实现淡水鱼养殖"提质增效"。现将关键技术介绍如下。

图1-23 国家大宗淡水鱼产业技术体系
首席科学家戈贤平研究员现场接受辽宁广播电视台采访

图1-24 大宗淡水鱼"提质增效"示范基地

（一）网箱框架制作与网衣选择

1. 网箱框架制作

养殖网箱为浮动敞口式网箱，由框架、箱体、浮子和沉子等组成。框架为高密度聚乙烯塑胶 PE 管材热熔焊接制作，每个框架规格为 20 m（长）×20 m（宽），其中作为浮子的主管直径为 315 mm，用于四周护栏和支撑离水网箱扶手及立柱的管材直径为 110 mm，过道宽 80 cm，用 PE 平面管材铺设而成，管材厚度为 2 cm。网箱框架（图 1-25）浮于水面，依靠箱体自身浮力和网衣配重来保持一定的形状及容积，并利用钢丝绳绑在岸边钩子上固定。

图 1-25　网箱框架

2. 网衣选择和网箱规格

网箱网衣选择成本低、滤水性好、质地坚韧、牢固且不易逃鱼的聚乙烯材料，单箱规格为 20 m（长）×10 m（宽）×3 m（高），利用与主管材焊接好的四周 PE 管材立柱张挂网衣，立柱高 1.2 m，网箱离水高度 1 m（图 1-26）。网箱依不同鱼种设置为单层网和双层网，其中滤食性鱼（如鲢）张挂单层网箱，有利于网箱内外水体更好地交换，保证箱内养殖环境水体清洁，防止发生不必要的病害；其他鱼（如鲤、鲫、草鱼等）张挂双层网箱，防止鱼种逃窜逃逸。网目依鱼种规格大小设置为 4，5，10 cm 不等，箱体四角采用 20 千克/根的铁链坠作为沉子固定，使网箱下水后能够充分展开。目前架设网箱数量为 20 个。

图 1-26　网箱过道和网衣

（二）养殖区域设置

为了提高网箱暂养鱼的整体效果，创造良好的水体环境，需在暂养过程中做好全面规划设计，既要避免对辽河水体环境造成污染与破坏，又要合理控制网箱养殖区域的生态环境，做到规范科学养殖。据此，暂养网箱（图 1-27）设置在距离入海口 40～60 km 处，此处水质良好、河道宽阔、水流适中、交通便利、阳光充足，且常年水深保持在 7 m 左右，底质为沙泥。养殖区域的选择，既要在涨潮时水流大、距离涨潮主河道 20 m 以上的右侧位置，又要在退潮时回流小、距离退潮主河流 30 m 以上的左侧位置，这样可以防止退潮时上游枯枝、杂草等漂浮垃圾进入网箱养殖区域而破坏网箱。

图 1-27　暂养网箱设置

（三）暂养鱼选择与放养

1. 暂养鱼选择

选择池塘养殖的鲤、鲫和草鱼等大宗淡水鱼成鱼进行暂养。暂养鱼均购于养殖资质齐全、信誉良好的正规养殖企业。

2. 放养规格和数量

网箱暂养的鲤鱼成鱼体均重为 1 kg 左右，青鱼单尾重 3.5~4.0 kg。鲤鱼每箱放养 7500 kg，青鱼每箱放养 10000 kg，暂养 20~45 d 即可进入市场销售。适当养殖 0.25 kg 左右的苗种，每箱放养 1000 kg。

3. 注意事项

网箱入水应在鱼种入箱前 10 d 左右进行，这样可以使网衣上着生藻类以形成生物膜，从而减轻对鱼体的擦伤，避免生病。下水前，注意认真检查，框架要牢固，网衣绑紧，网眼通透，不能出现破损、漏洞、滑节等情况。定期检查网箱的结构和附属设备，如果出现漏网、破损等情况，需要及时修补或更换，确保网箱的完整性和稳定性。定期清洗和除藻，保持箱内水质清洁。投放鱼种时，用鱼袖子连鱼带水一起放入网箱中（图 1-28）。

图 1-28　网箱养殖鲤鱼

（四）日常管理

1. 饵料投喂

（1）初期管理。鱼入网箱前进行停食分箱，进入网箱并适应几天后，首先建立鱼类上浮水面、集群摄食饲料的条件反射。投喂饲料前发出信号，待集群觅食条件建立后，随即开始投喂。网箱混合暂养殖鲤、草鱼见图 1-29。

图 1-29　网箱混合暂养殖鲤、草鱼

（2）投饵管理。对网箱暂养鱼种少量投喂全价膨化配合饲料，按照日饵率 2% 计算，每天分别于 5：30、9：30、13：30 和 17：30 各投喂 1 次。成鱼则选择每天 9：30 和 17：30 各投喂 1 次。饵料粒径根据暂养鱼类规格选择在 3~5 mm。另外，河道内丰富的枝角类、桡足类和小鱼小虾等天然饵料生物被鱼类摄食利用，也有利于鱼类品质提升。

2. 养殖管理

（1）建立养殖档案。建立网箱养殖档案，按时进行日常检查，记录暂养过程中鱼种吃食、死亡、出逃及异常等情况，关注天气、盐度、水流速及水体肥瘦等变化，根据实际情况调整投饵量；若发现鱼类出现异常行为，需及时抽样检查，采取相应措施；关注网箱鱼种活动情况，查看是否有其他凶猛鱼类入侵；关注网衣是否出现松动、破损、漏洞等问题，及时补救，防止鱼类出逃。认真记录养殖档案，以便总结经验、教训。

（2）环境监测。2022 年 7 月河流水质监测结果显示，盘锦市大洼区辽河口水质类别为Ⅲ类，水质良好，已达到鱼虾类越冬场、洄游通道、水产养殖区等渔业水域及游泳区水平。该养殖模式在整个暂养过程中定期进行水环境监测，辽河口水质情况稳定，溶解氧的质量浓度不小于 6.0 mg/L，氨氮的质量浓度小于 0.2 mg/L，亚硝酸盐的质量浓度小于 0.01 mg/L，pH 值为 7.2~7.6（图 1-30）。

（3）起网收捕。当网箱暂养 20~45 d 结束后，可根据市场需求实时起捕，选择一次上市销售，或分期分批起捕，以便于活鱼运输及储存。此时，暂养鱼种品质得到提升，可避免继续养殖造成人力、物力资源的浪费。

（4）越冬管理。每年进入 11 月初，检查网箱和框架完好后，先用船将网箱整体拖入就近水闸口、水深在 3 m 以上的风平浪静

图1-30　对网箱养殖水域进行水质检测

的避风湾处越冬，待第二年3月初河面冰全部化开后，再用船将其拖入养殖区域（图1-31）。

图1-31　越冬定期检查

（五）营养及品质

中国农业大学食品科学与营养工程学院学者针对池塘养殖的鲤鱼与池塘养殖后转入辽河口暂养20 d的鲤鱼品质进行了实验对比分析，结果发现：辽河口暂养后的鲤鱼，其生肉具有更好的质地和色泽，且清香味更强、鱼腥味和土腥味更淡，其熟肉的质地和口感更佳；河流网箱暂养鲤鱼生、熟肉总体可接受度更好（图1-32）。另外，网箱暂养鲤鱼的粗蛋白质和粗脂肪含量相对于池塘养殖鲤鱼较高，其鱼肉氨基酸组成更均匀、含量更高、营养价值更高。

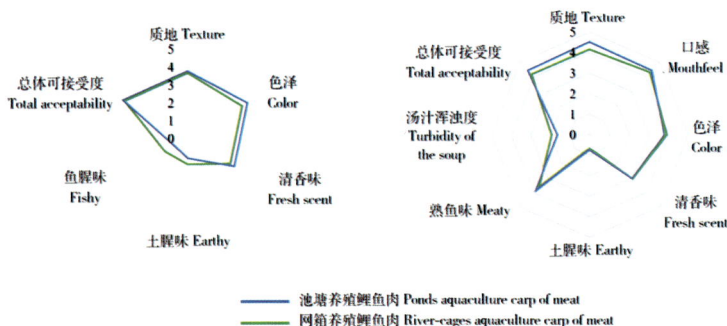

图1-32　池塘养殖与河流网箱生（左）、熟（右）鱼肉感官评价

（六）小结

由于渔业的发展，鱼目前已成为最普通的食物和最廉价的蛋白质来源之一，其中，大宗淡水鱼产业发展迅速、产量显著增加、产值不断提高。在当前人口增长、消费结构优化、环境要求升级的背景下，改善传统大宗淡水鱼存在的土腥味口感及提升鱼肉品质，为淡水鱼产业的发展提供新特点和新动向，是必要的发展趋势。该暂养模式利用辽河口天然的水流及盐度变化优势，能够促进淡水鱼养殖产业优化，以及水域资源的合理利用，实现大宗淡水鱼的"提质增效"，具有极高的经济效益和推广价值。

二、鱼菜共生工厂化循环水种养殖技术模式

为加快企业产业升级，振兴县域经济，促进农业一、二、三产业融合发展，通过产学研合作，共同建设鱼菜共生工厂化循环

水种养殖科技园，将水产养殖与水耕栽培这两种原本完全不同的
农耕技术，通过巧妙的生态设计，实现协同共生，一举实现养鱼
不用换水且不用担心水质、种菜不用施肥且营养供给充足的双赢
局面。一池活水循环于养鱼区和种菜区之间，不仅降低了种养成
本的投入，还提高了收益，实现了节水、节地、节资源。

（一）技术措施

1. 基础设施和养殖设备

（1）建设地点：辽宁营口盖州市青石岭镇蚂虹咀村，白鹭湖
现代循环农业鱼菜共生综合体。

（2）基础设施：工厂化循环水种养殖大棚车间一座，面积
2000 m²，冬季锅炉提温保暖。

（3）种养殖设备：①圆形水产养殖桶 6 个，单个养殖水体
30 m³，桶底部设置微孔增氧管，每个养殖桶连接 5 个水培蔬菜槽
子过滤槽；②水培蔬菜槽子 30 个，单槽长 8 m、宽 1 m，槽子前
端上部设置长 2 m、宽 1 m、高 0.6 m 的过滤槽，内装火山石
（图 1-33）。

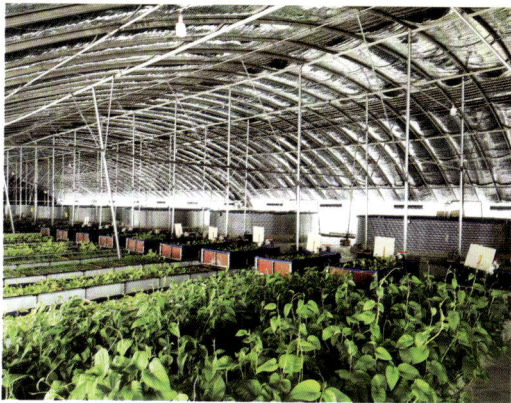

图 1-33　鱼菜共生循环水种养殖池

2. 鱼类放养

作为辽宁省首家鱼菜共生循环水种养殖系统科技园，其产品的定位不仅要质量安全，还要营养健康。因此，选用的鱼类品种是国内首个以肉质为选育指标的新品种鲤"龙科 12 号"（又名优质鲤，水产新品种登记号：GS-01-004-2023），即利用肉质优良的大头鲤和抗逆性强的黑龙江野鲤杂交创制。该品种肌内脂肪含量为 8.23%，较黑龙江鲤、松荷鲤和松浦镜鲤分别提高了 137.18%、65.59% 和 203.69%；脂肪酸组成中多不饱和脂肪酸含量高，为 9.64%，较黑龙江鲤和松荷鲤分别高 258.36% 和 275.10%。辽宁从 2018 年开始进行试验示范，该养殖系统一直表现良好，具有生长速度快、成活率高、营养丰富、市场化前景广泛等特点，目前已经进入生产推广阶段（图 1-34）。

图 1-34　鱼菜共生鲤放养现场

2023 年 7 月 24 日，6 个圆形养殖鱼桶全部放养鲤"龙科 12 号"鱼种，鱼体均重 63.82 g，按照每桶 900 尾、1200 尾和 1500 尾 3 个放养量进行养殖，每个密度放养设置 2 个重复（图 1-35）。

图 1-35　鲤鱼种放养

3. 水培蔬菜、瓜果类种植

每个水培蔬菜槽子设泡沫浮板 7 块，每块浮板种植蔬菜或瓜果约 48 棵（图 1-36）。主要品种为紫叶生菜、意大利生菜、包心生菜、孔雀菜、上海青油菜、上海紫油菜、养心菜、莴笋、空心菜、菠菜、香菜、西芹、四季香芹、乌塌菜、油麦菜、四季草莓、奶油草莓、红颜草莓、圣女果、金玲珑、瀑布红珍珠、红千禧、黑珍珠、贝贝、茄子、西红柿、西瓜、黄瓜、香瓜等约 30 个品种。

图 1-36　水培蔬菜

4. 生产管理

鲤鱼每日投喂鲤 32 蛋白膨化料 2 次，日饵率 3%；每个养殖桶根据水质变化情况，平均每周连续 3 d 泼洒枯草芽孢杆菌、乳酸菌等微生态制剂 1 次，调控养殖水质，保持 pH 值在 6.5~7.0。养殖管理见图 1-37。

图 1-37　养殖管理

水培蔬菜、瓜果类：蔬菜根据不同品种每 20~30 d 收割 1 次，瓜果类每 60~90 d 开始采摘，可以连续收割或采摘 6 个月以上。生产管理测量见图 1-38。

根据试验鱼的生长规格和蔬菜的生长情况及综合养殖效益分析，判定该养殖模式下的鱼类最佳养殖量和蔬菜种植量，建立鲤"龙科 12 号"鱼菜共生混合种养殖模式。

5. 鱼菜共生水循环路径

路径：注水口—培水池—养殖池—沉淀池—过滤池—注水线（上水管）—种植槽—排水槽（排水线）—培水池。

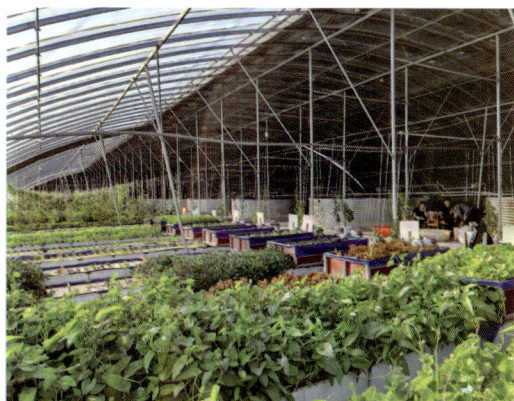

图 1-38　生产管理测量

(二) 养殖效益

1. 鲤鱼养殖经济效益

鲤鱼养殖成活率100%，2023 年 10 月 26 日测量（图 1-39），鱼平均体重为 292.45 g。按照市场售价每千克 40 元计算，实现产量 2632 kg，产值 10.53 万元，利润 7.9 万元。

图 1-39　优质鲤生长测量

2. 蔬菜、瓜果种植经济效益

（1）蔬菜：每槽每次收割平均重 168 kg，平均价格为 10 元/千克，每槽利润约 840 元。

（2）瓜果类：每槽每次采摘平均重 84 kg，平均价格为 40 元/千克，每槽利润约 1680 元。

（三）探讨

鱼菜共生是一种新型的复合耕作体系，让动物、植物、微生物三者之间达到一种和谐的生态平衡关系，形成"鱼肥水—菜净水—水养鱼"的生态循环系统。它既是可持续循环型、零排放的低碳生产模式，也是有效解决农业生态危机的有效方法，能够做到全程无害化养殖种植、全程不换水，从而节约土地及水资源。在传统水产养殖中，鱼的排泄物易导致水体中的氨氮、亚硝酸盐增加，造成鱼类中毒死亡。而在鱼菜共生系统中，水产养殖的水先通过硝化池后，再被输送到水培栽培系统，水中的氨氮等被微生物分解成可被植物作为营养吸收的硝酸盐。这种可持续循环型、零排放的低碳生产模式，脱离了土壤栽培，避免了农药的使用，确保了鱼、菜的质量安全。

该养殖模式通过放养优质鲤等淡水苗种，使养殖鱼虾残饵粪便中的氮、磷等通过岩石层过滤后被水培蔬菜根系吸收利用，净化水之后再返回养殖罐中，实现了鱼菜"共生"、一水双收，实现了种养殖产品优质、绿色、低碳、高效的循环养殖经济，在辽宁省起到示范引领和带动作用。

"试水"鱼菜共生，实现养殖鱼类优质鲜美可口、蔬菜瓜果鲜嫩脆爽，吃后回味无穷，未来市场将大有前景。相信在不久的将来，该模式的种养品种就会摆上百姓的餐桌。

第四节　常见大宗淡水鱼苗种繁育技术

一、常见大宗淡水鱼繁殖技术

《2024 中国渔业统计年鉴》显示，2023 年全国大宗淡水鱼养殖产量为 2040.4 万吨，占淡水养殖产量（3414 万吨）的 59.8%，其中辽宁鲤鱼产量最多，为 31.3 万吨，鲤鱼是我省淡水养殖的主导品种。

自 1958 年"四大家鱼"人工繁殖技术取得成功以来，我国大宗淡水鱼全部实现全人工繁殖，苗种产业由小到大、由弱到强，现年产人工繁育苗种 3000 亿尾以上。在国家和地方政府的支持下，建设了一批大宗淡水鱼原良种场和苗种繁育场，培育发展了一批苗种繁育企业。

常见大宗淡水鱼均为温水性鱼类，生存水温多在 0.5~38 ℃，生长适温为 20~30 ℃，繁殖水温在 18~24 ℃。主要用于大宗鱼类人工繁殖催产的药物有绒毛膜促性腺激素（HCG）、促黄体素释放激素类似物 2 号（LHRH-A2）、鲤鱼脑垂体（PG）和马来酸地欧酮（DOM），以及它们的混合制剂。受精方式分为自然受精和人工授精，其中人工授精又分为干法授精和半干法授精。产浮性卵的"四大家鱼"可以使用孵化环道、孵化桶等孵化；产黏性卵的鲤、鲫和产弱黏性卵的鲂既可以使用人工鱼巢孵化，也可以通过分离受精卵块或人工脱黏的方法使用孵化桶、孵化环道等设施孵化。脱黏孵化时，需通过水流或气泡带动卵粒翻滚分散，水流和气泡大小以鱼卵被冲起滚动、不聚集、不沉底为准。

（一）亲鱼培育

1. 亲鱼来源

从国家级、省级原良种场引进苗种，池塘培育成亲鱼，或直接引进亲鱼，其体形、体色正常，体质健壮，无疾病，无伤残或畸变。

青鱼、草鱼、鲢、鳙是我国传统养殖的"四大家鱼"。在国家和地方政府的高度支持下，投资建设了"四大家鱼"遗传育种中心2个，即鲢遗传育种中心和草鱼遗传育种中心，国家级"四大家鱼"原种场11个，苗种繁育场300多个，形成了从源头种质创新与良种培育到原种种质保存再到优质苗种繁育与推广等比较完整的种苗体系。代表原良种场如下：国家级江苏广陵长江系家鱼原种场（原江苏邗江长江系家鱼原种场）、石首老河长江"四大家鱼"原种场、国家级湖北武汉青鱼原种场、湖北大明淡水鱼种业科技有限公司。国家还投资建设了5个鲤、鲫遗传育种中心，即冷水性鱼类遗传育种中心（中国水产科学研究院黑龙江水产研究所）、长江鱼类遗传育种中心（中国水产科学研究院淡水渔业研究中心）、鲫遗传育种中心（天津换新水产良种场）、鲫遗传育种中心（中国科学院水生生物研究所）和鲤、鲫遗传育种中心（湖南师范大学），8个国家级鲤、鲫良种场，30多个省级鲤、鲫良种场及200多个苗种繁育场或苗种繁育基地，年繁育鲤、鲫良种鱼苗600亿尾以上。代表性鱼苗企业如下：国家级天津换新水产良种场、国家级江苏洪泽湖水产良种场、湖南湘云生物科技有限公司。2010年，国家在上海海洋大学投资建设了1个团头鲂遗传育种中心，在湖北、江苏、浙江和上海建设了4个鲂原、良种场（其中原种场1个、良种场3个），省级良种场和苗种繁育场120个左右，年繁育规模100亿尾。代表性鱼苗企业如下：国家级江苏漏湖团头鲂良种场、湖北团头鲂（武昌鱼）原种场。

2. 培育池

池塘面积以 2~4 亩为宜（图 1-40），池底淤泥少于 20 cm，水深 1.5~2.5 m，注排水方便，环境安静，交通方便，靠近水源和催产池，池底要求平坦、不渗漏。辽宁地区人工繁殖前，可采取降低水位的方法提高水温，晴天中午池水透明度保持 25~30 cm。培育池每 3 年修整 1 次，使用前将池水排干，修整池底池埂，拔除杂草，亲鱼放养前 10 d 左右，进水 5~10 cm，每亩用生石灰 150 kg 化浆全池泼洒（图 1-41），或每亩用漂白粉 10 kg，化水后全池泼洒，做到不留死角死面，彻底杀灭致病细菌。

图 1-40 亲鱼培育池

图 1-41 带水杀塘

3. 放养方法

人工繁殖前，制订池塘清理、亲鱼周转和放养计划，宜在水温 10 ℃左右进行。辽宁地区 4 月初池塘消毒 7～10 d 后放养，放养前用 3%～5% 的食盐水或 20 g/m³ 的高锰酸钾溶液浸洗鱼体 5～10 min。

放养采取主养亲鱼或亲鱼套养后备亲鱼的方式，主养青鱼放养密度为 200 千克/亩以内，雌雄比例为 1∶1，搭配鲢亲鱼 4～6 尾/亩或鳙亲鱼 1～2 尾/亩，不搭配后备亲鱼、鲤、鲫等其他底栖鱼类、肉食性和杂食性鱼类；主养草鱼亲鱼放养 150～200 千克/亩，雌雄比例为 1∶1.2～1∶1.1，搭养鲢亲鱼 4～6 尾/亩或鳙亲鱼 1～2 尾/亩；主养鲢亲鱼放养 100～150 千克/亩，主养鳙亲鱼放养 80～100 千克/亩，雌雄比例为 1∶1.2～1∶1.1，主养鲢亲鱼搭养鳙亲鱼 2～3 尾/亩，主养鳙亲鱼不搭养鲢亲鱼；主养鲤亲鱼放养 100～150 千克/亩，雌雄应分池培育，按照雌雄比例为 1∶1.5～1∶1.1 配组，搭配少量鲢、鳙、草鱼和肉食性鱼类，严防其他鲤、鲫混入；主养鲫亲鱼放养 150～200 千克/亩，专池饲养，雌雄分开，可搭配少许鲢、鳙、草鱼和肉食性鱼类，肉食性鱼类 2～3 尾/亩捕食杂鱼，搭配草鱼 2～3 尾/亩清除水草，搭配青鱼 2～3 尾/亩清除螺蛳，但不能混养鲤鱼等底栖鱼类，雌性亲鱼池中要清除雄性个体和野杂鱼；鲂亲鱼放养 100～150 千克/亩，雌雄可混养，雌雄比例为 1∶1.5，池中可搭养少量鲢、鳙和肉食性鱼类，但不能混养鲤、鲫等杂食性鱼类。

4. 饲养管理

鲢、鳙亲鱼池塘需要施肥，清塘后，在亲鱼放养前 7～10 d，每亩施 150～250 kg 腐熟的粪肥（腐熟方法：在池塘边上挖一个小坑，将有机肥加 3%～5% 的生石灰拌匀后倒入小坑，表面用泥土或塑料膜密封，7~10 d 即可腐熟）作为底肥，培肥水质。根据水的肥瘦变化，少量多次及时追肥，追肥量应灵活掌握，粪肥既可采用水浆泼洒，也可追施尿素 2.5 千克/亩和过磷酸钙 5 千克/亩。主养鳙亲鱼池塘除保持肥水外，可辅助投喂适量配合饲料。

除鲢、鳙外，其他大宗淡水鱼亲鱼的生长发育基本上或完全依靠投喂饲料，饲料的数量和质量均能影响其性腺的发育程度，营养条件是性腺发育的主要因素。其中，草鱼和鲂鱼亲鱼饲料可分为青饲料和配合饲料，配合饲料可显著提高草鱼、鲂鱼的怀卵量、成熟度及卵子的质量。应根据性腺发育的不同阶段和亲鱼肥满度合理掌握饲料投喂量和青、精饲料的比例。青饲料投喂量应为鱼体重的 30%~50%，配合饲料投喂量应为鱼体重的 1%~3%，坚持"四定"（定时、定位、定质、定量）投饵原则，每天投喂 1~2 次，视天气和鱼吃食情况灵活掌握，在催产前停止投喂 1 d，当水温上升至 20 ℃以上时，要注意逐步减少直至停投配合饲料，以防止亲鱼体内积累脂肪太多而推迟性腺成熟和引起难产。青鱼、鲤、鲫亲鱼饲料以配合饲料为主，其中青鱼有条件可增加投喂鲜活螺、蚬等，每 2 d 投喂 1 次，投喂量应灵活掌握。配合饲料每天投喂 1~2 次，投喂量为鱼体重的 1%~3%。

催产后的亲鱼，体力消耗大，又受捕捞和催产的影响，多少会有损伤，容易感染疾病。因此，亲鱼在产后前 2 周的关键期内要加强护理，以清净池水养殖较为适宜，且应经常加注新水，根据食量逐渐增加投喂量，日饵量一般为鱼体重的 2%~4%。

5. 水质调节

放养期要适时加注新水或换水。4 月中旬至催产前，视水质情况每 10~15 d 注换水 1 次，产后至越冬前每 15~30 d 注换水 1

次，每次换水 20~30 cm，使水体透明度保持在 25~30 cm。饲养期间，每 15~30 d 用生石灰化浆全池泼洒一次，生石灰用量为 15~20 千克/亩。

6. 日常管理

早、晚巡塘（图 1-42），观察亲鱼的摄食、活动、水质、水位变化情况，发现问题及时采取措施，并做好记录，建立档案。亲鱼培育池应有专人负责日常投喂、管理，并做记录。

图 1-42　亲鱼池塘巡查

春季冲水也是一项促进家鱼亲鱼性腺发育的重要措施。每月冲水 2 次，每次加水 5~10 cm；临产前，在接近催产前半月内，每天冲水 1 次，每次 2~3 h 为宜，亲鱼池的整个培育过程应保持水质清新，其透明度保持在 35 cm 以上，冲水时水流速度应适中，太急会过多消耗亲鱼体力，过缓会影响冲水效果。如果水源不足，可抽原塘水回冲或邻塘水互冲。

(二) 人工繁殖

1. 催产季节和水温

辽宁地区鲢、鳙、青鱼、草鱼人工繁殖季节为 6 月中旬到 7 月中旬，鲢、鳙和草鱼催产适宜水温为 20~28 ℃，青鱼催产适宜水温为 22~29 ℃，一般先进行草鱼、鲢鱼的催产，再进行鳙鱼的催产，最后进行青鱼的催产。

鲤、鲫、鲂人工繁殖季节为 4 月下旬到 5 月中旬，催产适宜水温为 18~24 ℃。

2. 繁殖期亲鱼挑选

雌亲鱼：胸鳍、鳃盖上追星不明显或无追星，追星行列短窄，腹部膨大、柔软而有弹性，下腹部有明显的卵巢轮廓，泄殖孔稍突出、红润。

雄亲鱼：胸鳍、鳃盖上有追星，鳍条上的追星从基部直到末梢都有，行列很长，尾柄背部鳞片上也常出现追星，手感粗糙，轻压腹部有乳白色精液从泄殖孔流出。

挑选鲤亲鱼见图 1-43，挑选鲢亲鱼见图 1-44。

图 1-43　挑选鲤亲鱼

图 1-44　挑选鲢亲鱼

3. 挖卵检查

先用挖卵器从亲鱼泄殖孔挖取少量卵粒，置于培养皿中或玻璃片上观察，成熟卵粒分散、大小均匀、饱满。再滴加卵球透明液（95%酒精 85 份，10%福尔马林 10 份，冰乙酸 5 份），经 2~3 min 后观察，全部或绝大部分核偏位。

4. 繁殖年龄和体重

初次性成熟的亲鱼不能用于人工繁殖，辽宁地区青鱼最小繁殖年龄为雌鱼 8 龄、雄鱼 7 龄，最小繁殖体重为雌鱼 14 kg、雄鱼 12 kg，最大使用年限为 20 年；草鱼最小繁殖年龄为雌鱼 7 龄、雄鱼 6 龄，最小繁殖体重为雌鱼 7 kg、雄鱼 6 kg，最大使用年限为 16 年；鲢最小繁殖年龄为雌鱼 5 龄、雄鱼 4 龄，最小繁殖体重为雌鱼 5 kg、雄鱼 3 kg，最大使用年限为 14 年；鳙最小繁殖年龄为雌鱼 8 龄、雄鱼 7 龄，最小繁殖体重为雌鱼 13 kg、雄鱼 8 kg，最大使用年限为 15 年；鲤最小繁殖年龄为雌鱼 3 龄以上、雄鱼 2 龄以上，最小繁殖体重为雌鱼 1.5 kg、雄鱼 1 kg，最大使用年限为 8 年；鲫最小繁殖年龄为 2 龄，最小繁殖体重为雌鱼 250 g、雄鱼 1 kg，最大使用年限为 4 年；鲂最小繁殖年龄为 3 龄，最小繁殖体重为雌鱼 1.5 kg、雄鱼 1 kg，最大使用年限为 4 年。

亲鱼年龄鉴定采取背鳍基部与侧线鳞上方的鳞片作为鉴定材料，根据年轮确定鱼的年龄。

5. 亲鱼运输

亲鱼运输过程中，必须将损伤减少到最低限度，使其健康生活，性腺正常发育（图 1-45）。运输注意事项如下：

（1）水温适合，水温在 5~10 ℃ 比较适宜；

（2）氧气充足，保持 5 mg/L 以上；

（3）容器适合，运鱼容器宽大，内壁光滑、清洁；

（4）鱼腹要空，运鱼前停食 1~2 d，排空肠道；

（5）搬动要轻，鱼夹轻轻移动，避免滑脱损伤。

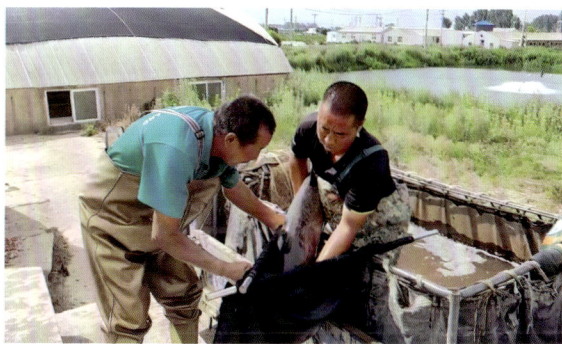

图 1-45　亲鱼运输

6. 人工催产

（1）催产药物和剂量。常用药物有绒毛膜促性腺激素（HCG）、促黄体素释放激素类似物 2 号（LHRH-A2）、鲤鱼脑垂体（PG）和马来酸地欧酮（DOM）。脑垂体（PG）因采集有一定的限制，现在多用巴胺拮抗物马来酸地欧酮（DOM）替代。

鲢、鳙宜采用两次注射法，以两种药物混合注射为宜。两次注射法催产剂及剂量见表 1-1。

表 1-1 鲢、鳙雌鱼两次注射法催产剂及剂量

注射方式		催产剂剂量		
		LHRH-A2 /(μg · kg^{-1})	HCG /(IU · kg^{-1})	DOM /(mg · kg^{-1})
第一次注射[a]	第一种	0.2~0.6	—	—
	第二种	—	100~200	—
第二次注射[a]	第一种	2~4	—	—
	第二种	—	800~1200	—
	第三种	2~4	800~1200	—
	第四种	2~4	—	3~5

注:[a] 任选一种剂量。

鲢、鳙亲鱼一次注射法按照表 1-1,从第二次注射剂量中任选一种一次注入鱼体。雌亲鱼如果采用两次注射法,当雌亲鱼注射第二次时注射雄亲鱼;雌亲鱼如果采用一次注射法,那么雄亲鱼与雌亲鱼同时注射,剂量减半。

草鱼采用一次注射法为宜,如果采用两次注射法,那么两次注射法催产剂及剂量见表 1-2。

表 1-2 草鱼雌鱼两次注射法催产剂及剂量

注射方式		催产剂剂量		
		LHRH-A2 /(μg · kg^{-1})	PG /(mg · kg^{-1})	DOM /(mg · kg^{-1})
第一次注射[a]	第一种	0.2~0.4	—	—
	第二种	—	0.3~0.5	—
第二次注射[a]	第一种	1~3	—	—
	第二种	—	3~5	—
	第三种	1~3	—	3~5

注:[a] 任选一种剂量。

草鱼亲鱼一次注射法按照表1-2，从第二次注射剂量中任选一种一次注入鱼体。

青鱼亲鱼采用两次注射法，两次注射法催产剂及剂量见表1-3。

表1-3 青鱼雌鱼两次注射法催产剂及剂量

注射方式		催产剂剂量			
		LHRH-A2 /($\mu g \cdot kg^{-1}$)	PG /($mg \cdot kg^{-1}$)	DOM /($mg \cdot kg^{-1}$)	HCG /($IU \cdot kg^{-1}$)
第一次注射	第一种	5	—	—	—
	第二种	1~2	—	—	600~1000
第二次注射	第一种	10~12[a]	2~3[b]	5[a]	—
	第二种	5~7[a]	0.5~1[a]	5[b]	—

注：第二次注射任选[a]组合或[b]组合。

雄鱼采用一次注射法，在雌鱼第二次注射时注射，剂量为雌鱼的1/2~2/3。

鲤鱼一般采用一次注射法，若亲鱼成熟度较差，也可采用两次注射法，第一次注射的剂量应为总量的1/10左右，两次注射间隔一般为8 h。如果采用两次注射法，那么雄鱼在雌鱼第二次注射时注射，雌鱼催产剂及剂量可在表1-4中任选一种，雄鱼剂量减半。

表1-4 鲤雌鱼催产剂及剂量

注射方式	催产剂剂量			
	LHRH-A2 /($\mu g \cdot kg^{-1}$)	PG /($mg \cdot kg^{-1}$)	DOM /($mg \cdot kg^{-1}$)	HCG /($IU \cdot kg^{-1}$)
第一种	2~4	—	—	500~600
第二种	2~4	—	3~5	—
第三种	2~4	2~4	—	—
第四种	—	4~8	—	—

鲫一般采用一次注射法，如雌鱼成熟度较差，也可采用两次注射法，第一次注射的剂量应为总量的 1/10 左右，两次注射间隔在 10~12 h。雄鱼采用一次注射法，即在雌鱼进行第二次注射时注射，雌鱼催产剂及剂量可在表 1-5 中任选一种，雄鱼剂量减半。

表 1-5　鲫雌鱼催产剂及剂量

注射方式	催产剂剂量		
	PG /(mg·kg⁻¹)	HCG /(IU·kg⁻¹)	LHRH-A2 /(μg·kg⁻¹)
第一种	1~2	—	1.5~3
第二种	—	800~1200	1~2
第三种	1	300~500	1~2

鲂采用一次注射法，雌鱼催产剂及剂量可在表 1-6 中任选一种，雄鱼剂量减半。

表 1-6　鲂雌鱼催产剂及剂量

注射方式	催产剂剂量			
	PG /(mg·kg⁻¹)	HCG /(IU·kg⁻¹)	LRH-A2 /(μg·kg⁻¹)	DOM /(mg·kg⁻¹)
第一种	1~2	—	1.5~3	—
第二种	—	500~800	1~2	1~2
第三种	1	300~500	1~2	—
第四种			1~2	2~3

（2）催产药物配制与注射。催产激素用 0.7%~0.9% 生理盐水配制注射液，注射液每千克鱼用量为 0.5~2.0 mL。注射方法采用胸鳍或腹鳍基部腹腔注射，将针头朝背部方向 45°~60° 进入，刺入深度为 0.5 cm 左右（图 1-46、图 1-47 和图 1-48）。注射时间一般在下午，这样次日即可产卵。视亲鱼成熟度采用一次注射

法或两次注射法，第一次注射量为总药液量的 1/10~1/8，第二次注射余量，两次注射间隔时间依水温变化为 8~12 h。雄鱼只注射一次，可在雌鱼第二次注射时一起注射。

图 1-46　鲤注射催产剂

图 1-47　鲢注射催产剂

（3）效应时间。即从最后一次注射催产药物到亲鱼开始发情的时间。效应时间的长短与亲鱼成熟度、激素配伍与剂量、水温

图 1-48　草鱼注射催产剂

有关。鲢、鳙和草鱼在水温 20~28 ℃时，第二次注射催产剂后7~12 h 开始产卵，采用一次注射则 10~18 h 开始产卵；青鱼在水温 22~29 ℃时，第二次注射催产剂后 6.5~9.0 h 开始产卵；鲤、鲫、鲂在水温 18~24 ℃时，第二次注射催产剂后 8~16 h 开始产卵，采用一次注射则 12~20 h 开始产卵。

7. 受精

（1）自然受精。即经催产的亲鱼在产卵池中自行产卵、排精，精、卵在水中自行结合的受精过程。生产实践中，一般将催产后的亲鱼置于圆形的产卵池内，辅以水流、升温刺激等措施加快其排卵。圆形产卵池设计图见图 1-49。家鱼产卵池（图 1-50）为直径 10~15 m 的水泥池或面积 350~667 m²、水深 1 m 左右的池塘，要求注排水方便。此外，根据卵的性质不同应采取不同的收集卵的方法：对于产浮性卵的鱼类（如家鱼），常在其产卵1 h 后利用产卵池中央的管道将卵富集到集卵箱内；对于产黏性卵的鱼类（如鲤、鲫），可在产卵池内布置鱼巢（图 1-51 和图

1-52），使受精卵直接黏附在鱼巢上。制作鱼巢的材料有棕树皮、树根须、稻草、高分子材料等，其经过消毒处理，扎成小把或编织成框，大小合适，不疏不密。然后将鱼巢置于池底、悬浮于水中和漂浮在水面上，以最大限度地收集受精卵。

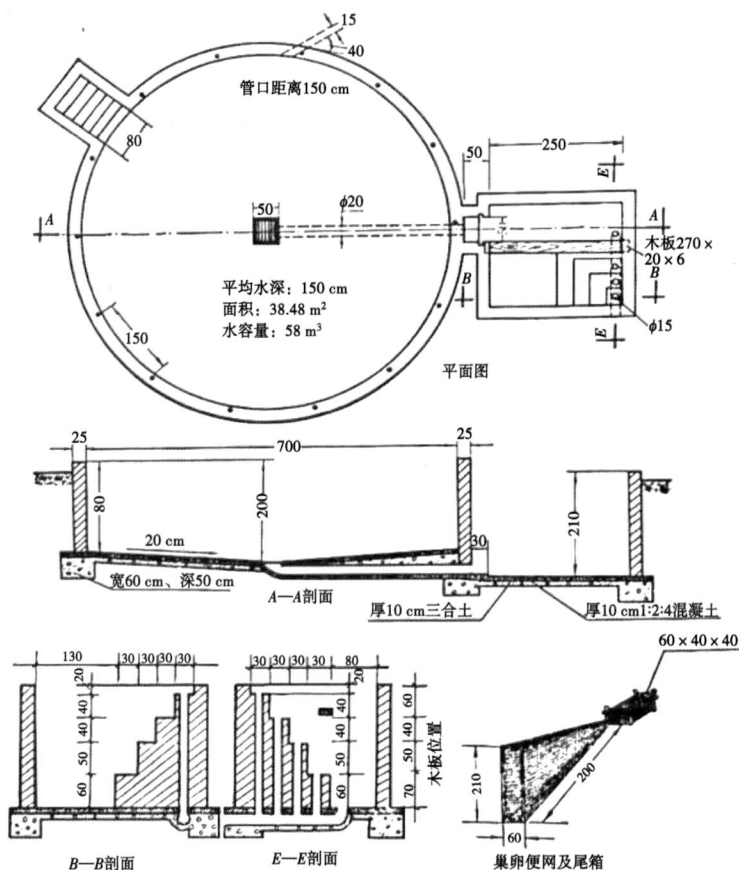

图 1-49　圆形产卵池设计图（长江水产研究所设计）

图1-50　家鱼产卵池（沈阳华泰渔业有限公司）

圆形产卵池　　　　　　　　　　　棕榈皮鱼巢

图1-51　产卵池内布置的鱼巢

（2）人工授精。人工授精的方法有两种，即干法授精和湿法授精。干法授精是将精卵在干燥的容器内充分混合，再加水搅拌1~2 min使之受精（图1-53）；湿法授精是先用0.8%生理盐水稀释精液，再与卵充分混合，最后加水搅拌1~2 min使之受精。

图 1-52　鲤产卵池（示长方形产卵池和毛刷式鱼巢）

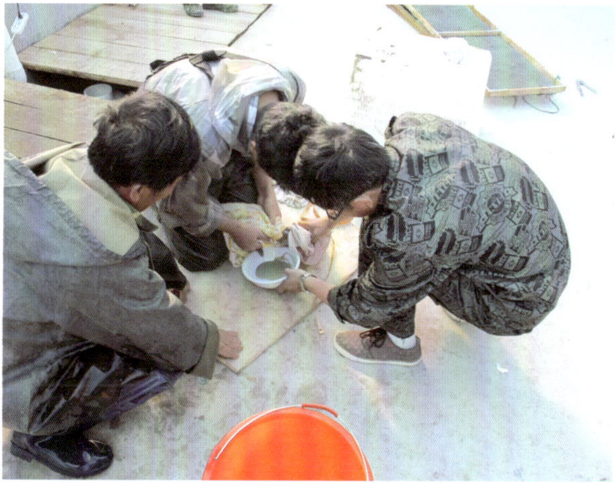

图 1-53　鲤干法授精（示挤入精液）

8. 人工孵化

（1）孵化用水。孵化水水源较广，江河湖泊、池塘水及经曝晒后且用硫代硫酸钠处理的自来水都可用于孵化，同时要求孵化水温相对稳定。此外，以江河湖泊、池塘水作为孵化用水时，需经过滤池或过滤网进行三级（40 目、60 目、80 目）过滤，以去除悬浮物、浮游动物和其他敌害生物（图1-54、图1-55）。

图1-54　孵化用净水池（沈阳华泰渔业有限公司）

图1-55　高位水池、砂滤罐（沈阳华泰渔业有限公司）

（2）孵化方式和孵化设施。孵化方式有流水孵化、静水孵化、淋水孵化、脱黏孵化等。孵化设施主要包括孵化环道（图1-56）、孵化桶（图1-57）、孵化缸（图1-58）、孵化槽（图1-

59）等。其中，孵化环道常用于规模化苗种生产，其设计图可参考图1-60。苗种生产单位要因地制宜地选择合适的孵化方式和孵化设施。

图1-56　孵化环道（沈阳华泰渔业有限公司）

图1-57　孵化桶（辽宁省淡水水产科学研究院）

（3）孵化方法。

①鱼巢孵化。常用于黏性卵孵化，可用鱼巢收集自然产卵受精的受精卵（图1-52），亦可将人工授精得到的受精卵布卵在鱼巢上（图1-61），然后将黏附鱼卵的鱼巢置于水泥池、孵化槽、

图1-58 孵化缸（辽宁省淡水水产科学研究院）

图1-59 孵化槽（辽宁省淡水水产科学研究院）

池塘或网箱中静水孵化（图1-51、图1-62）。应注意鲂鱼卵为半黏性卵，移动鱼巢操作要轻，避免受精卵脱落。淋水孵化是将附着卵的鱼巢放在室内悬吊或平铺在架子上，向鱼巢上喷淋水，当胚胎发育到发眼期时，将鱼巢移到孵化池内孵化，此时应注意室内与孵化池温度相差不超过2 ℃。孵化期间，要求保持孵化水体溶解氧充足、水质清新。

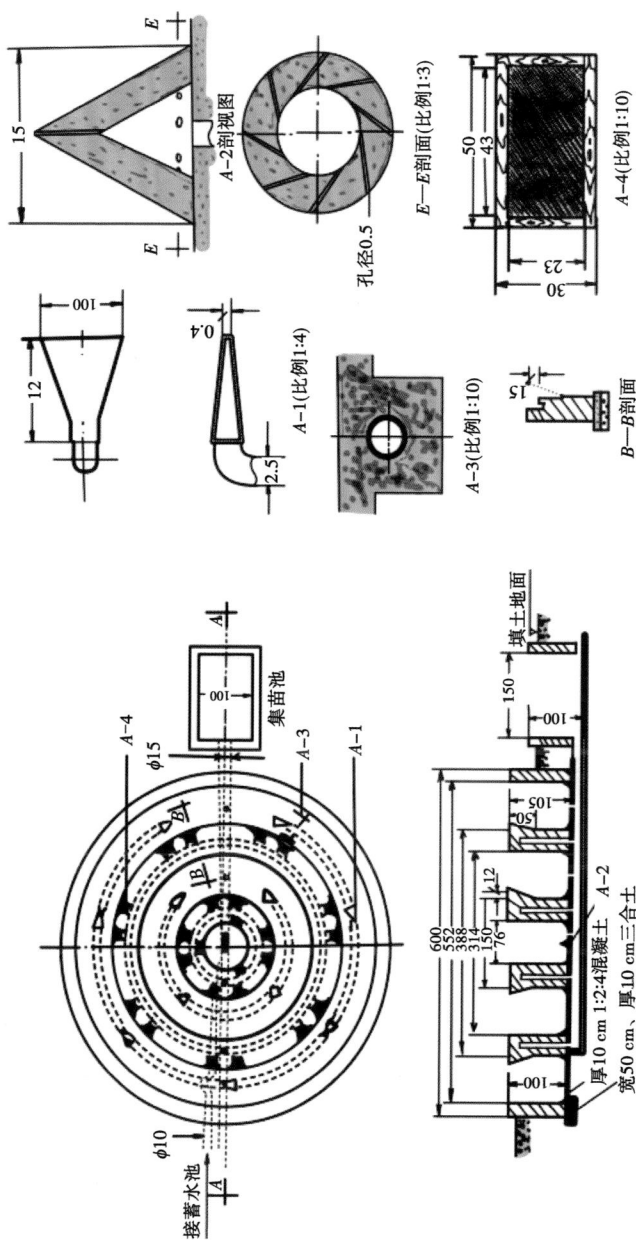

图1-60　圆形孵化环道设计图（长江水产研究所设计）

图 1-61　鲤受精卵布巢（布卵）操作

图 1-62　黏附受精卵的鱼巢置于池塘网箱内孵化

②卵块孵化。催产后产黏性卵的亲鱼亦可置于表面光滑的产卵池直接收集受精卵块（图 1-63），卵块先经网眼合适的筛网分离成独立的卵粒，再用孵化设施孵化（图 1-64）。

③脱黏孵化。生产中常用黄泥土或滑石粉配制脱黏液。黄泥浆脱黏泥浆液配制：捣碎的黄泥土与清水按照 1∶5～1∶4 的比例搅拌混匀成悬浊液，悬浊液经 40～60 目筛网滤除大颗粒或杂质后用作脱黏液。滑石粉脱黏液配制：滑石粉与清水按照 1∶50～

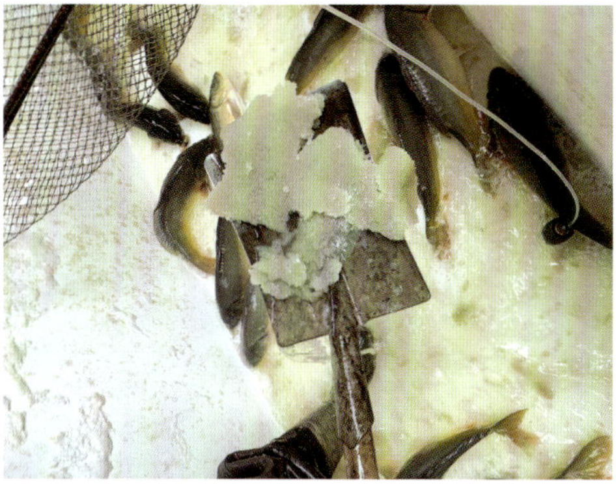

图1-63　收集鲤卵块（辽宁省淡水水产科学研究院）

图1-64　鲤受精卵块分离后置于孵化缸内孵化

（辽宁省淡水水产科学研究院）

1∶40的比例搅拌混匀直接用作脱黏液。10万～30万粒卵用黄泥浆液15 kg或滑石粉液10 kg进行脱黏。脱黏流程如下：将卵缓慢倒入搅动的脱黏液中，继续翻动10～15 min，脱黏后鱼卵置于筛网中用清水漂洗3～5次。洗净后的卵用孵化设施孵化，孵化密度为每立方米水体150万～200万粒。

（4）出苗。一般情况下，家鱼苗破膜孵化出后3～5 d，鳔开始充气，卵黄囊基本消失，能主动摄食，此时即可出苗（图1-65）。

图 1-65 即将下塘的鱼苗

（三）鱼苗运输

当鱼苗能平游时便可起捕销售（图 1-66）。鱼苗销售起运前 6 h 停止投喂。采用塑料薄膜袋、橡胶袋等充氧运输，鱼苗袋先装 1/3~2/5 的清水，添加少量池塘原水，再放入鱼苗。水温20~25 ℃时，每升水装水花 2 万~2.5 万尾，然后排净袋内空气，充满氧气，扎紧袋口（图 1-67），最后将塑料袋装入纸箱内，空运需用泡沫箱和纸箱装箱运输。批量运输时，可采用帆布桶、活鱼运输车增氧运输。

图 1-66 鲤水花鱼苗起捕

图1-67　鱼苗装袋

二、鱼苗培育

（一）池塘条件

培育鱼苗的池塘（图1-68）应靠近水源或取水方便，呈长方形，面积1~5亩，底部泥土土质为壤土或沙壤土，不渗不漏，水深1.2~1.5 m，塘底平坦，底泥厚度小于20 cm。池塘有独立的进出水口，具有任意调节水体深度的功能。

图1-68　培育鱼苗的池塘

（二）池塘准备

1. 清整池塘

池塘是鱼的生活场所，其环境好坏直接影响鱼类的生长和成活率，因此改善池塘环境条件，是提高鱼苗成活率的重要环节。清整池塘有如下好处。

（1）变瘦塘为肥塘。池水排干后，塘底经过冰冻、曝晒，土壤表层疏松，能够改善通气条件，加速腐殖质转化为营养盐，病原被紫外线杀死，从而减少病原危害。

（2）增加放养量。清除淤泥后，水体增加，放养量亦能相应增加（图1-69）。

图1-69　池塘清淤整形作业

（3）减少鱼病。清塘可杀灭和清除大部分池塘中潜伏的细菌性病原体、寄生虫和有害水生昆虫，从而减少病虫害的发生。

（4）漏水池塘改为保水池塘。漏水池塘天旱易干涸、大水易泛滥，不休整不能保持水位，而且漏点形成水流，鱼种逗水逆游，影响摄食，鱼苗会逐渐瘦弱甚至死亡。保证水位可减少水肥流失。

（5）杀灭杂鱼。减少放养鱼的敌害和竞争者。

（6）消除池塘内对鱼不利的水生生物。如青苔、水生昆虫、蝌蚪等。

（7）增加农田肥料。塘底的腐殖土，施于农田是很好的肥料。

池塘有两种。一是老池塘，首先清塘，放水曝晒，时间越长越好，放苗前 10 d 左右，注水 10 cm 左右，用生石灰对池塘进行彻底消毒，每亩水面用生石灰 150 kg 化水全池泼洒。二是新建池塘，使用前平整池底，并使池塘底部呈向出水口一端倾斜状态，进水口一端高于出水口一端 20 cm，加固出水口和进水口的拦鱼栅；试水深度（池塘可灌水的最大深度）一直保持 4~5 d，然后将池水放掉至水深 10 cm 左右，清塘消毒后待用。

2. 饵料培养

清塘后，在鱼苗下塘前 7 d 左右注水 50~60 cm，然后施肥，具体方法如下：向池塘内施放事先腐熟的有机肥，用量为老池塘每亩施用 300~400 kg，新池塘每亩施用 500~800 kg；为加速肥水，也可兼施化学肥料，一般每亩施用尿素 2~3 kg，或施用硫酸铵 4 kg 和过磷酸钙 4 kg。施肥的方法如下：粪肥采取全池泼洒或者堆施；化肥加水溶解后全池泼洒即可，5~10 d 池水颜色即可发生明显变化（图 1-70），水体中就会出现大量的小型浮游动物（轮虫）。应掌握合适的施肥时间，一般鱼苗繁殖期，天气正常时，在鱼苗下塘前 5~6 d 施肥，或在亲鱼产卵时施肥，鱼苗孵化出来后下塘时刚好是轮虫的高峰期。轮虫高峰期通常只能持续 3~5 d。在轮虫尚未达到高峰时，小型枝角类便可能零星出现，继而数量逐渐增多，抑制了轮虫的生长发育。在小型枝角类零星出现时，施用 0.3~0.5 g/m³ 晶体敌百虫将其杀死，并适量增施有机肥料，可以防止枝角类大量繁殖，延长轮虫的高峰期。如果施肥过早，池中轮虫已达到高峰而尚未有鱼苗下塘，也可以用敌百虫杀灭枝角类，以及施用有机肥料，以适当延长轮虫高峰期。

图1-70 肥水后池水颜色（示"肥、嫩、爽"豆绿色水体）

（三）鱼苗放养

1. 鱼苗来源与质量

从良种场引进亲鱼自繁或直接引进鱼苗。要求腰点（鳔）长齐、卵黄囊未完全消失，鱼体透明、色泽光亮、行动活泼；将鱼苗置于容器中，轻微搅动水体时，95%以上的鱼苗有逆水游动能力；畸形率小于3%，伤病率小于1%。

2. 放鱼苗时应注意的事项

（1）鱼苗培育池塘在放养前1~2 d用密眼网拉一两遍，以清除敌害生物。

（2）运苗水体与池塘水温差应小于3 ℃，如超过3 ℃，需调节水温，使之接近池塘水温。

（3）提早繁殖或从南方运来的鱼苗，下塘初期池塘水温不能低于15 ℃。

（4）必须待池塘药物的药效消失后方可放养鱼苗。为了鱼苗安全，应取水试苗，经过 6～7 h 暂养无异常，方可开始放养鱼苗。

3. 鱼苗下塘

鱼苗下塘一般在晴天 9：00—11：00 进行，最好与水花出苗时间衔接好。鱼苗下塘前投喂熟蛋黄液（用 100～200 目的筛绢包裹熟蛋黄后在水中揉搓制成蛋黄液），每万尾水花用 1 个熟蛋黄开口。放苗地点一般选择在上风口，以便于鱼苗快速分布全池周边。注意温差，运输鱼苗水体与鱼塘水温温差应小于 3 ℃，以免鱼苗因产生应激反应而死亡。培育实践中，先让水温温差缓慢缩小，再缓慢放苗（图 1-71）。

图 1-71　水花鱼苗下塘

4. 放养密度

放养密度应根据鱼苗、水源、肥料与饵料来源、鱼池条件和饲养技术水平等情况灵活掌握。培育乌仔或夏花，亩放养密度一般以 50 万～70 万尾为宜。

（四）饲养管理

根据鱼苗在不同发育阶段对饵料的不同需求，可将鱼苗生长分为以下 4 个阶段。

1. 轮虫阶段

轮虫阶段为鱼苗下塘后 1~5 d。这个阶段鱼苗主要以轮虫为食，为维持池内轮虫数量，下塘当天开始全池泼洒豆浆，每天上午、中午、下午各全池泼洒 1 次，每次每亩池塘泼洒 15~17 kg，豆浆泼洒力求"细如雾、匀如雨"，以延长豆浆颗粒在水体中的悬浮时间（图 1-72）。豆浆在水体中仅有小部分供鱼摄食，大部分用于培养水中浮游动物。豆浆制作：通常水温 20 ℃，黄豆需浸泡 8~10 h，以两片子叶中间微凹的时候出浆率为最高，一般每 3 kg 干黄豆磨浆 50 kg。

图 1-72　全池泼洒豆浆肥水

2. 水蚤阶段

水蚤阶段为鱼苗下塘后 6~10 d。这个阶段鱼苗主要以水蚤（如枝角类和桡足类）为食物（图 1-73）。每天需泼洒豆浆 2 次（8—9 时，13—14 时），每次每亩水面泼洒豆浆数量 30~40 kg。在此期间，选择晴天上午追施一次腐熟粪肥，每亩水面 100~

150 kg，用以培养大型浮游动物。

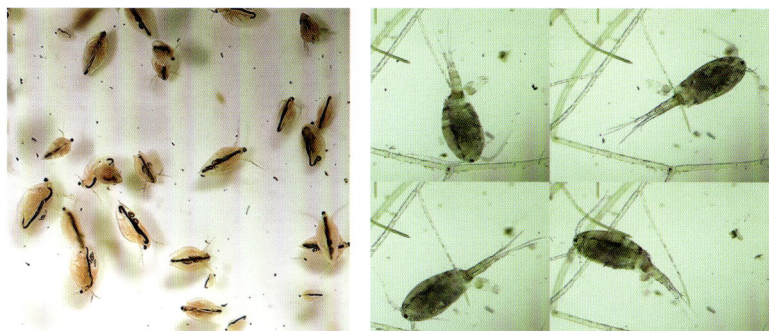

图 1-73　池塘培育饵料生物暨枝角类（左）和桡足类（右）

3. 精料阶段

精料阶段为鱼苗下塘后 11~15 d。这个阶段池水中的大型浮游动物所剩不多，鱼苗的食性发生明显转变，开始在池塘四边浅水寻食。如果这个阶段缺乏饵料，鱼苗就会成群汇集到池边寻食，时间一长，鱼苗就围绕池边成群狂游，呈跑马状，俗称"跑马病"。这时应改投全价配合破碎饲料或粉末，每天每亩水面 2 kg，饲料的质量为粗蛋白质 35%~40%、粗脂肪 6%~8%、粗纤维低于 3%、总磷高于 1%。沿池边遍洒投喂，每天 2~4 次，5 d 后，逐步加大饲料粒径，同时缩小投喂范围，直至定点。日投喂量一般为鱼体体重的 4%~6%，根据天气、水温、水质、鱼体大小、摄食强度等情况酌情调整。

4. 锻炼阶段

锻炼阶段为鱼苗下塘 16~20 d，鱼苗全长 26~34 mm。这个阶段的鱼苗已经达到夏花规格，需要拉网锻炼体质，降低鱼体中的水分含量，使鱼苗更结实，适应运输的环境，减少运输时黏液分泌，排空肠道，方便高温季节出塘分养（图 1-74）。鱼苗长到 3 cm 左右时，需进行 2~3 次拉网锻炼，然后分塘进行鱼种培育。

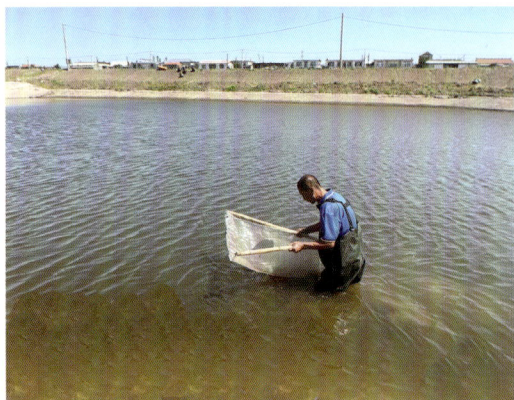

图 1-74   鱼苗检查

拉网在 9—10 时进行，当鱼快要收入网箱时，收网动作要轻缓，使鱼自动游入网箱中，可在网箱中轻轻拨水来造成轻微水流，使鱼苗逆流游入网箱（图 1-75）。

图 1-75   夏花鱼苗拉网锻炼、出苗

第一次拉网应将鱼围入网中，观察鱼的数量及生长情况，密集 10~20 s 后立即放回池中；隔天拉第二网，待鱼围入网中密集

后赶入网箱中，随后在池中慢慢推动网箱，清除箱内污物，筛除蝌蚪杂鱼，经 1~2 h，若距鱼种培育池较近即可出塘，若需长途运输，尚需再隔一日，待第三网锻炼后（操作同第二网）出塘。拉网分塘操作应细心，起网时鱼体不可过度密集，计数时应采取带水操作。

（五）日常管理

鱼苗放养 7 d 后，每 3~5 d 注入新水 5~10 cm，逐步使水深达到 1.2~1.5 m。每日早、中、晚巡塘，观察水色、鱼的动态，检查吃食情况，做好防逃工作，及时清除蛙卵、杂草，观察水质及鱼的活动、摄食、生长等情况，发现异常应及时采取措施，填写生产记录表、用药记录、销售记录。

三、鱼种培育

（一）池塘条件

池塘面积 2~6 亩，水深 1.5~2.0 m，呈长方形，东西走向为宜，底部泥土土质为壤土或沙壤土，不渗不漏，有独立的进出水口，底泥厚度为 10~15 cm，水源充足、排灌方便、交通便利、电力充足。每口池塘应配备 3 kW 叶轮机式增氧机 1 台、4 寸①水泵 1 台，以备及时换水与增氧。

（二）清塘施肥

清塘同鱼苗培育。施有机肥料，每亩 200~300 kg。

（三）鱼苗放养

1. 放养时间

当夏花鱼种培育到 2.0~3.0 cm 时，水温稳定在 25 ℃以上

---

① 寸为非法定计量单位，1 寸≈0.033 米，此处使用为便于读者理解，兼顾生产应用习惯，下同。——编者注

时,即转入秋片鱼种培育阶段。

2. 鱼苗质量

要求鱼苗规格整齐,体形正常,体表光滑,鳍条、鳞被完整,体质健壮,游动活泼,无伤病,畸形率小于1%。鉴别夏花质量标准见表1-7。

表1-7　鉴别夏花质量标准

池中检查		容器内检查	
优	劣	优	劣
行动活泼,集群游动	行动呆滞,散处漫游	行动活泼	行动缓慢
受惊时迅速潜入水底	受惊时行动不敏捷,入水时垂直向下	规格整齐	参差不齐
浮头时在池中央徘徊	浮头时在池边徘徊	体色光亮,皮肤、鳞片完整	体色暗黄、不匀,鳞片残缺
摄食时争先	摄食时落后	头小背厚	头大背薄
		游泳在水下,喜逆水	游泳在水面,逆水不前

3. 放养密度

青鱼、草鱼每亩放养夏花2万~3万尾,鲤、鲫、鲂放养夏花3万~4万尾,搭配鲢、鳙夏花0.5万~1.0万尾。

4. 鱼种消毒

夏花放养前用3%~4%食盐水或20 g/m³高锰酸钾溶液浸浴5~10 min。

(四)饲养管理

1. "四定"投饲

(1)定时:每天投喂3~4次,其中草鱼、鲂投喂精青搭配,配合饲料在每日 8—10 时和 14—16 时 2 次投喂，青饲料每日投喂 1 次，一般比配合饲料早投 1~2 h。

（2）定位：饲料应投在饲料台上，夏花鱼种放养后，应先在饲料台周围泼洒，再逐渐缩小范围，引导鱼到饲料台上摄食，每个饲料台面积为 1~2 m²，每 0.5 万尾左右鱼种架设 1 个，青饲料投入饲料框内。

（3）定质：饲料不得霉烂变质，青饲料应鲜嫩适口，应按照营养需要配制成颗粒饲料。

（4）定量：饲料以全价配合饲料为主、青饲料为辅。饲料投喂量为鱼体重的 3%~5%。投饲应做到适量均匀，以配合饲料每次投喂后马上吃完、青饲料 4~5 h 吃完为宜。在阴雨天和鱼病流行时期，投饲量应酌情减少。

2. 饲料质量

选用质量好的饲料，饲料中添加免疫调节剂、中草药、生物制剂等添加剂，改善鱼体抗病、抗应激能力，减少鱼病发生。

（五）日常管理

1. 调控水质

每 10~15 d 注水或换水 10~15 cm，保持池水透明度 30~35 cm，每日根据天气、摄食、鱼的活动情况适时开启增氧机。每 15~20 d 泼洒水质和底质改良剂，调节水质，改善底质。

2. 巡塘

巡塘同鱼苗培育。

（六）并塘越冬

鱼种经筛选分类后应认真核产、分类并入池塘。北方地区冬季冰封期长，需专池越冬。转入秋季时，应合理投喂营养丰富的精饲料，以便于鱼种育肥育壮、积蓄能量、防寒过冬。

1. 越冬时间

池塘水温下降至 8～10 ℃ 时开始，至翌年水温回升到 8～10 ℃ 时结束。

2. 越冬池塘条件

背风向阳，保水性好，面积 4～6 亩，水深 2.5～3.0 m，冰封前池中浮游生物量应保持在 25 mg/L 以上。

3. 鱼种进池与越冬密度

鱼种放入越冬池前应停食 2～3 d，经计数称重与药物消毒后放养。在操作过程中，应防止鱼体受伤，发现鱼病应及时治疗后再放养。放养数量根据鱼体规格、体质、越冬池塘条件及越冬期长短等决定。

4. 测氧

根据越冬池溶解氧量的变化规律，要求定期测氧（一般 5～7 d 测 1 次）。冬至至元旦、春节前后，要求每 3～5 d 测氧 1 次，找出越冬水体溶解氧降低的主要原因，及时采取增氧措施。

5. 及时补水

整个越冬期间要补水 2～4 次，每次补水 15～20 cm，补水以深井水为宜。

6. 控制浮游动物

注意观察越冬水体中的浮游动物，如发现有大量浮游动物，应抽出越冬池部分底层水，加注井水或临近越冬池含浮游植物丰富、含氧量高的水体，用药物杀死浮游动物。

7. 补充营养盐类

越冬期间如发现越冬池水透明度增大、浮游植物生物量减少、溶解氧偏低，可采用冰下施用无机肥的方法培养浮游植物，进行冰下生物增氧。

8. 扫雪

降雪会影响冰面透光度，一般采用除雪机除雪（图 1-76），除雪面积应占越冬池面积的50%以上，以保证冰下越冬水体有足够的光照，使浮游植物进行光合作用制造氧气。如果遇到连续阴雨天气形成"乌冰"或冰面较薄无法进行除雪作业，且水中溶解氧下降趋势明显，此时需要破冰增氧，如采用增氧机搅动、射流增氧机冲刷等方式再造透光冰面（图1-77）。

图1-76 除雪机除雪作业

图1-77 射流增氧机破冰增氧作业

第二章 特色淡水鱼绿色健康养殖技术

❀ 第一节 拉氏鲅苗种繁育及池塘高效养殖技术

拉氏鲅（*Phoxinus lagowskii*），又名洛氏鲅、长尾鲅、柳根垂、柳鱼，隶属于鲤科，雅罗鱼亚科，鲅属（*Phoxinus*）。拉氏鲅主要分布于欧洲、亚洲北部及北美洲，在我国常见于长江以北各水系。拉氏鲅食性杂、适应性强，为小型上中层鱼类，喜集群活动，易捕捞，非常适合主养或套养。近年来，随着人工繁殖和池塘养殖技术的成功及市场的大量需求，拉氏鲅现已成为东北地区池塘养殖的一个重要品种。

一、拉氏鲅生物学特性

（一）形态特征

拉氏鲅（图 2-1）体低而长，稍侧扁，腹部圆，尾柄长而低；头近锥形，头长大于体高。吻尖；鳃盖膜与峡部相连；口亚下位，口裂倾斜，上颌长于下颌，上颌骨末端伸达鼻孔后缘下方或稍后，唇后沟中断；眼位于头侧的前方，眼间宽平，其宽大于眼径；鳞细小，通常不呈覆瓦状排列；胸、腹部具鳞；侧线完全，较平直；背鳍起点在眼前缘与尾鳍间距的中点，臀鳍起点在背鳍基之后；胸鳍末端伸达胸、腹鳍间距中点，腹鳍起点距吻端与距尾鳍基相等，尾鳍浅叉形。

图 2-1　拉氏𩾃

（二）生活习性

拉氏𩾃生活于江河支流的上游或水库、湖泊的中、上层，喜栖于清冷流水处，成群生活于山区水流急、清澈、溶解氧高、温度低的河沟、小溪里。

（三）摄食习性

自然环境下，拉氏𩾃食性较杂，仔、稚鱼主要以小型浮游动物为食，幼、成鱼主要摄食水生昆虫及其幼虫，也食鱼卵和其他小鱼，其肠道内也有植物碎片和藻类。人工养殖条件下，拉氏𩾃以轮虫、小型枝角类、桡足类等浮游动物为开口饵料，在乌仔阶段 2~3 d 便能驯食粉料。

（四）繁殖习性

拉氏𩾃 2 龄性成熟，在我国东北地区产卵期一般在 5—7 月，一般每年产卵 2~3 次，属分批产卵鱼类，怀卵量通常为 1000~2500 粒。拉氏𩾃在繁殖期，雌鱼腹部膨大，雄鱼头、吻部有追星。拉氏𩾃的天然产卵场在距河岸 30~50 cm 水深的砾石底质处，产卵最低水温为 12.5 ℃，受精卵具有黏性，常黏附于砾石进行发育，卵径为 1.4~1.7 mm。

二、人工繁殖技术

（一）亲鱼的选择

雌鱼年龄需大于 2 冬龄，体重 50 g 以上（15~20 尾/千克）；雄鱼年龄需大于 1 冬龄，体重 25 g 以上（30~40 尾/千克）。亲鱼主要来源是池塘培育达到性成熟的亲鱼或者由江河、水库等水体捕捞的亲鱼（图 2-2）。

图 2-2　拉氏鲅繁殖用亲鱼（腹部膨大亲鱼）

（二）亲鱼培育

亲鱼的选择和培育对于苗种生产的养鱼户来说是非常重要的，特别是捕自江河与水库的亲鱼要特别慎重，最好培育 1 年以后再作为繁殖用亲鱼，以避免影响苗种的生产、造成经济损失。亲鱼收集后要在池塘中进行强化培育，放养密度控制在 500~750 千克/亩，并投喂人工配合饲料。亲鱼繁殖前，作为繁殖用的亲鱼必须进行挑选（图 2-3），特别是雌性亲鱼，由于存在个体间发育不同步现象，所以部分亲鱼不能用于繁殖，即使进行了催产，也不会产卵，影响繁殖效率。

图2-3 挑选拉氏鲅亲鱼作业

（三）雌雄亲鱼的鉴别与配组

亲鱼的雌雄非常好区分：雌鱼生殖突较圆钝，其长度略长于排泄孔；雄鱼生殖突较尖突，其长度远大于排泄孔（图2-4）。在生殖季节，成熟好的雄性亲鱼，稍压腹部，有白色精液淌出；成熟好的雌性亲鱼，生殖孔微红，腹部膨大、柔软。

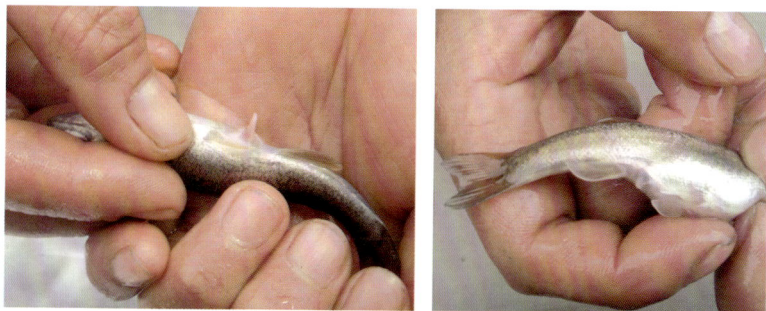

图2-4 拉氏鲅雄鱼（左）和雌鱼（右）

（四）催产前的准备

人工催产前，需对挂卵鱼巢（图 2-5）、亲鱼暂养网箱（图 2-6）和孵化桶（图 2-7）消毒，一般采用 $20\ g/m^3$ 的高锰酸钾溶液对鱼巢、网箱和孵化桶进行浸泡、冲洗处理。鱼巢是受精卵的附着物，一般采用棕榈皮做鱼巢；亲鱼暂养网箱的大小根据挂箱的水泥池大小而定，以实际操作方便为宜；此外，需要检查亲鱼暂养网箱（池）和孵化桶配套的充气和加水设施是否正常。

图 2-5 挂卵鱼巢

图 2-6 亲鱼暂养网箱

图 2-7 孵化桶

（五）人工催产

催产前 1 d 应把挑选完的亲鱼放入车间的网箱中暂养，雌雄分箱暂养，暂养 1 d 后再进行激素注射催产。拉氏鲅体表黏液多、较滑，催产时不易操作，生产上常用 MS-222（间氨基苯甲酸乙酯甲磺酸盐，Tricaine methanesulfonate）或丁香油对其麻醉，具体操作为：将亲鱼装入网袋内，然后浸入装有配好麻醉药物的箱或桶内（图 2-8），麻醉时间以亲鱼刚失去身体平衡为准。麻醉后的亲鱼立刻注射催产药物，一般采用 HCG（绒毛膜促性腺激素）、DOM（马来酸地欧酮）和 LHRH-A2（促黄体素释放激素类似物 2 号）混合液一次注射。生产过程中，需要做小批量的预实验，以摸索合适的药物剂量、效应时间。催产药物剂量常用配方如下：雌鱼按照（1500 IU HCG+10 mg DOM+10 μg LHRH-A2）/kg 配制混合液，雄鱼减半；根据天气、亲鱼的发育情况，对催产药物剂量做适量调整。人工注射采用一次肌内或体腔注射方法（图 2-9），在水温 16~20 ℃时，性成熟的拉氏鲅经催产后，效应时间一般为 26~36 h。

图 2-8　麻醉拉氏鲹亲鱼

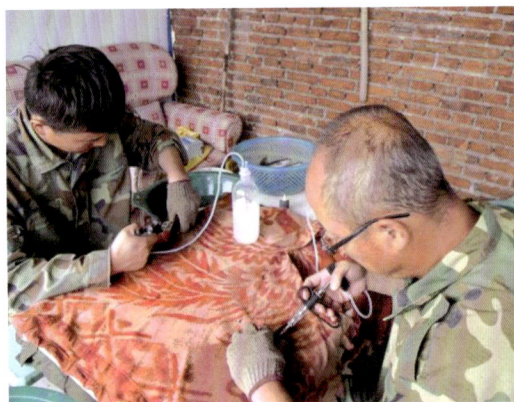

图 2-9　注射催产药物

（六）人工授精

注射催产激素 24 h 后，每隔 2~3 h 检查亲鱼情况。刚到效应时间的雌鱼，用手轻压腹部有卵粒流出，呈浅灰色或淡黄色，富有弹性且透明；而雄性亲鱼挤压腹部有白色精液流出，此时即可进行人工授精。一般情况下，100 尾雌鱼的卵加入 15~20 尾雄性亲鱼的精液。授精方法如下：将卵挤于洁净干燥的盆中，迅速挤入精液与卵混合（图2-10），搅拌均匀后，先加入少量生理盐水（需要调配的生理盐水），再用手搅拌使精卵充分混匀完成授精（图2-11）。

图2-10　人工授精：挤卵（左）和挤入精液（右）

图2-11　精卵搅拌混匀充分受精

（七）人工孵化

1. 孵化桶孵化

采用孵化桶孵化时，需进行脱黏处理。泥浆法脱黏：把黄土用60目网布过筛，每千克黄土加1.0~1.5 kg水，兑成泥浆，把受精卵放入泥浆中搅拌大约5 min，就可脱去黏性。滑石粉脱黏：即1 kg滑石粉兑1 kg水后搅拌，把受精卵放入并反复搅拌脱黏，由于拉氏鲹受精卵黏性较强，需脱黏20~30 min。化学试剂脱黏：比如用鞣酸、氯化钠、尿素、Na_2SO_3等处理脱黏。受精卵脱黏后，须用清水反复漂洗受精卵以除去脱黏药物，然后将其置于孵化桶内孵化（图2-12），孵化密度控制在100万粒/米^{3}以内。

图2-12　孵化桶孵化

2. 静水充气孵化

受精卵若不脱黏，可以黏附在用棕榈皮做的鱼巢上，置于网箱内静水充气孵化。具体操作如下。

（1）鱼巢挂卵。将鱼巢置于水面以下20~30 cm处，将受精卵均匀泼入鱼巢上的水层，提起鱼巢使卵黏附在鱼巢上，翻转鱼巢重复上述操作，使鱼巢正反两面均匀黏附受精卵（图2-13）。

（2）网箱孵化。先把40目网箱放入水泥池中，网箱大小根据水泥池情况以操作方便为宜。再把附有受精卵的鱼巢均匀放入网箱中孵化（图 2-14），每平方米放受精卵 15 万~20 万粒，仔鱼孵出后，在网箱中继续培育至下塘。

图 2-13　鱼巢挂卵

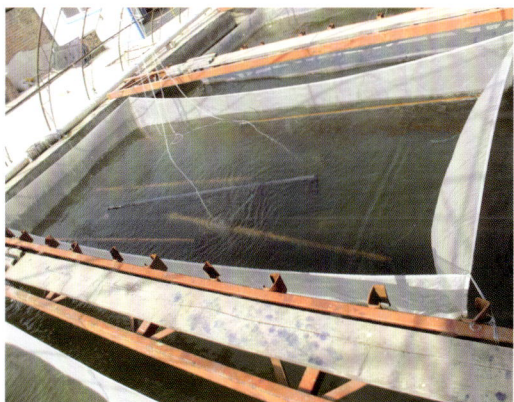

图 2-14　网箱静水孵化

（八）水花鱼苗计数与出售

在鱼苗破膜平游 3~4 d 后，便可以出售水花鱼苗。鱼苗计数方法同鲤鱼和其他家鱼一样，即鱼苗富集后采用体积法计数：先查出单位体积鱼苗的数量，再量出出售鱼苗具体的体积，二者相乘即可算出出售鱼苗的数量。拉氏鳄水花鱼苗要比鲤鱼水花鱼苗小，一般情况下，每毫升鲤鱼水花鱼苗为 270~300 尾，而每毫升拉氏鳄水花鱼苗为 400~500 尾。此外，出水花鱼苗前，必须把孵化桶中鱼苗破膜后产生的卵壳和死卵捞出，以免影响计数准确性和运输过程中的水质。出售的鱼苗一般采用水花袋充氧包装和运输（图 2-15），运输袋装水量为 1/3 左右，2/3 用于充氧和扎袋（图 2-16），规格为 90 cm×45 cm 的水花袋可运输 10 万~15 万尾的水花鱼苗。短途运输用编织袋封装，长途运输用泡沫箱封装，并在箱内放上预冻成块的矿泉水（带瓶）或生物冰袋。

图 2-15　水花鱼苗装袋充氧包装

图 2-16　充氧的水花鱼苗袋

三、拉氏鳄的人工养殖技术

（一）夏花鱼苗培育

鱼苗培育主要有两种方法：一是网箱培育；二是土池培育。其中，土池培育是目前北方地区主要采取的鱼苗培育方法。

1. 网箱培育

鱼苗在网箱中培育（图2-17），放养密度为1500尾/米^2，鱼苗开口时投喂浮游动物或人工鱼苗开口料，每天投喂4次。鱼苗饲养7~10 d后，将养殖密度调整为500~800尾/米^2，调整投喂饲料的规格。在鱼苗长到2 cm以后，即可下塘进行苗种培育。

图2-17　网箱鱼苗培育

2. 土池培育

（1）池塘准备。土池培育的池塘面积不宜过大，大小以3335~6667 m^2（5~10亩）为宜，水花鱼苗放养密度控制在每亩15万~20万尾。投放水花鱼苗前，池塘须消毒和肥水，即鱼苗下塘前15~20 d，用生石灰（带水清塘100~150千克/亩；干塘清塘60~80千克/亩）或漂白粉（带水清塘15~20千克/亩；干塘清塘5~

15 千克/亩）对池塘进行清塘、消毒处理，杀灭池中野杂鱼和其他敌害生物（图 2-18）。清塘后加注新水 80 cm 左右，每亩施发酵好的有机肥（一般使用鸡粪）150～200 kg 进行肥水，培养藻类和浮游动物。水温 20 ℃时，一般清塘注水后 7～10 d 轮虫达到高峰，此时最适水花鱼苗下塘。

图 2-18　漂白粉带水杀塘

（2）水花下塘。外购的水花下塘时，须将包装袋置于池水内漂浮几分钟，以使袋内水温与池水温度相差不高于 2 ℃（图 2-19）。放苗时间最好在晴天 8—9 时为好。如果放苗正赶上大风天，那么放苗一定要在鱼池的上风口。

（3）水质调控和饲料投喂。水花苗种下塘后，须定期测定池水氨氮和亚硝酸盐的含量，当氨氮质量浓度超过 0.2 mg/L 或亚硝酸盐氮质量浓度超过 0.02 mg/L 时，应马上采取换水、投放微生态制剂等措施。当鱼苗长到 2 cm 左右时，水中的枝角类、桡足类浮游动物已经不能满足鱼苗的生长需求，必须投喂不低于 40% 粗蛋白质的人工配合饲料（图 2-20），投喂方法为全池泼洒，每天 2～3 次。

图 2-19　水花鱼苗下塘

图 2-20　培育夏花用的粉料

（4）拉网锻炼。下塘培育 20~30 d 后，鱼苗可长到 3~5 cm，俗称"夏花"，这时就可以出售夏花鱼苗。夏花鱼苗售出前，需要拉网锻炼以使鱼苗体内的水分含量降低、肌肉变得结实，促进苗种分泌黏液和排出粪便（图 2-21），提高运输成活率。拉网锻炼的方法为：晴天 9—10 时拉网，将鱼苗聚集在一起维持 5~10 min后迅速撤网，使鱼苗返回池中。一般情况下，要经过 2 次拉网锻炼才能卖苗或转塘。此外，拉网锻炼应注意以下 4 点：

①拉网前要停食，并清除池塘中的水草和青苔，以免影响拉

网和伤害鱼体；

②拉网锻炼不能在缺氧浮头时进行；

③拉网速度要慢、操作要轻，网后要有人观察鱼苗是否贴网，如发现有鱼苗贴网，应立即停止拉网；

④密集时间不能过长，尤其是第一网，应视鱼的活动情况而定。

图 2-21　夏花鱼苗拉网锻炼

3. 夏花鱼苗出售、运输

当鱼苗培育到 3~5 cm 时即可出售。采用重量法计数，即首先查出单位重量的尾数（重复 3 次，求平均数），然后称出购买鱼苗的重量，二者乘积即出售鱼苗的数量。我国北方地区一般在 6 月中下旬出售夏花鱼苗，一般采用尼龙袋运输，每个 90 cm× 45 cm 的尼龙袋可装 3~5 cm 鱼苗 1000~3000 尾。大批量运输夏花鱼苗时，一般将鱼苗由网内倒入池边事先布置好气石的网箱中（图 2-22），然后进行称重（图 2-23），称重后用活鱼车装运（图 2-24），同样采用重量法计数。

图 2-22 装夏花鱼苗的网箱

图 2-23 鱼苗称重

图 2-24 活鱼车装运鱼苗

(二)鱼种培育

鱼种培育的池塘面积一般在 3335 ~ 6670 m² (5 ~ 10 亩),放苗前要清塘肥水。选择全长 3 ~ 5 cm 的体质健壮、规格齐整的夏花鱼苗用于培育鱼种,每亩放养量为 4 万 ~ 10 万尾。放苗后 3 ~ 5 d,开始驯化投喂人工配合饲料,驯化 3 ~ 5 d,鱼苗即可上浮集群抢食(图 2-25)。一般投饵量为鱼体重的 2% ~ 3%,并根据天气情况适当调整。目前尚无拉氏鲹专用料,常用鲤鱼料投喂,饲料粗蛋白质含量要求在 32% ~ 35%。一般高密度养殖情况下,经过 5 个多月的饲养,亩产可达 750 ~ 1200 kg,规格为 13 ~ 20 g,成活率为 80% ~ 90%。

图 2-25 拉氏鲹夏花苗种驯化吃料

(三)成鱼养殖(池塘主养)

1. 池塘条件

主养拉氏鲹的池塘面积以 3335 ~ 6670 m² (5 ~ 10 亩)为宜,池底平坦不漏水,底泥厚度最好不超过 20 cm,最好是新推或清完底泥的池塘,水深能保持 2.5 ~ 3.0 m,注排水方便(图 2-

26）。水源必须充足，没有污染，河水与井水均可。此外，每2000 m²（3亩）池塘配备3.0 kW增氧机1台，养殖场须配备发电机。

图2-26　拉氏鲅成鱼养殖池塘

2. 鱼种放养

鱼苗放养前10 d必须彻底清塘，方法与其他养殖鱼类相同（详见本节"池塘准备"内容）。鱼苗放养前要用食盐（3%~5%食盐水）等消炎类药物进行消毒。放养时间一般在4月中旬，每亩放养10 g左右的鱼种3万~5万尾。同时，每亩套养鲢鳙鱼种100尾（100~150 g）。养殖期投喂粗蛋白质30%~32%的颗粒料，粒径由1.0 mm逐步调整到2.5 mm。早期每天投喂2次，上、下午各1次，集中抢食后，日投喂4次，日投喂量为鱼体重的3%~5%；每半月投喂拌入"三黄散""多种维生素"的药饵3 d，以增强鱼体免疫力；每半月全池泼洒"聚维酮碘"制剂，以预防各种疾病发生。养至10月中下旬，可获得50 g左右的拉氏鲅商品鱼（图2-27）1000~1500 kg及100 g左右的鲢鳙鱼100 kg。

图 2-27　拉氏鲅商品鱼

3. 水质调节

拉氏鲅喜清新低温水质，因此，在饲养期间须维持水质"肥、嫩、爽"，主要方法有合理施肥、定期换水、定期泼洒药物（如生石灰、水质调节剂）或微生态制剂。拉氏鲅养殖池塘水深控制在 1.5~2.0 m，高温期（如 7—9 月）每隔 7~8 d 注一次新水，使水深增至 2.5~3.0 m，通过换水使水温控制在 28 ℃以下；每隔 15~20 d 泼洒 1 次生石灰水（图 2-28），每次每亩水面用生石灰 10~15 kg；此外，要经常测定养殖水体的氨氮和亚硝酸盐氮指标，尤其是养殖后期，池塘积累有机质较多，需要定期泼洒微生态制剂，以抑制氨氮、亚硝酸盐氮的产生。常见水产用微生态制剂及其用法见表 2-1。

图 2-28 泼洒生石灰改善水质

表 2-1 常见水产用微生态制剂及其用法

名称	作用	用法	注意事项
光合细菌	吸收二氧化碳，释放氧气，提高水体溶解氧量；将无机氮、磷等转化为有机质，降低营养盐浓度；分解残饵、有机废弃物、死亡生物，将其转化为无机物，净化水质；为水生生物提供营养物质，促进生长；抑制有害细菌生长	适宜水温在 20 ℃以上，最适水温为 28～36 ℃，水体 pH 值偏碱（7.5～8.5）时，光合细菌生长较好；在饲料中，可按 1% 的比例添加光合细菌	低温及阴雨天气时不宜使用；水体消瘦时，应先施肥培肥水质，再施入光合细菌

表2-1(续)

名称	作用	用法	注意事项
芽孢杆菌	抑制水体中的弧菌、大肠杆菌和杆状病毒等有害微生物;有效预防水产动物肠炎、烂鳃等疾病;有效改善有害蓝藻泛溢造成的水质混浊问题,具有很强的净化水质功能;分解有机物、氨氮、亚硝酸盐,能通过分泌胞外酶来分解养殖水中的粪便和残饵,改善水质和底质;定植在肠道内促进水产动物新陈代谢,提高饲料利用率,改善水产动物品质	用于池塘净水的微生态制剂中的芽孢杆菌,使用前先以等量豆麸粉与之混合,加水搅拌后浸浴3~4 h,让芽孢杆菌吸水萌发并获得一定养分,再均匀泼洒到池塘中,以利于这些菌在投放后迅速生长繁殖	选择适宜的菌株,芽孢杆菌有很多不同的菌株,不同的菌株具有不同的特性;控制使用量,芽孢杆菌的使用量应控制在适宜的范围内,过量使用可能会对水质造成负面影响,甚至会引起疾病的发生;注意保存条件,芽孢杆菌应保存在干燥、阴凉、通风的地方,避免阳光直射和高温环境
乳酸菌	能促进动物生长;调节胃肠道正常菌群、维持微生态平衡,从而改善胃肠道功能;提高食物消化率和生物效价;降低血清胆固醇,控制内毒素;抑制肠道内腐败菌生长;提高机体免疫力等	用水稀释后均匀泼洒;大型水体可以和畜禽粪尿水同时泼洒;水花或寸片下塘前5~7 d使用,可以培育出大量适合苗种摄食的天然饵料。 液态乳酸菌活菌内服时,将菌液喷洒于饲料中拌匀即可,菌液一般占投喂饲料量的0.5%~1.0%,现配	乳酸菌由于本身的生理特性,采取激活操作时,需使用40~50 ℃稳水,并搭配1∶1比例的葡萄糖提供能源,整个过程不需增氧,密封发酵状态最佳;因其生长所需环境偏酸性,对于pH值在8.2以上的池塘采取拌料投喂效果更佳;全池泼洒时,建

表2-1(续)

名称	作用	用法	注意事项
乳酸菌		现用, 每天 1 次, 每隔 10~15 d 连喂 3 d	议上午激活, 傍晚使用。 　藻类较少的池塘应配合生物培水剂使用, 避免池水变得更清; 养殖对象发生浮头现象时禁用; 使用前后 3 d 内尽量不要使用消毒剂和杀虫剂
硝化细菌	能不断清除水体中的氨, 使氨氮、亚硝酸盐等物质迅速转化成硝酸盐, 便于水生植物吸收利用, 保持整个池水的生态系统处于一个稳定状态	硝化细菌用量为 200 克/亩, 使用时可以搭配红糖, 红糖每亩 1.0~1.5 kg; 硝化细菌要坚持经常用, 建议 3 d 左右用 1 次, 硝化细菌的硝化转化产物, 如果没有被藻类利用, 硝化反应将会停止, 建议使用的同时补充磷、钾、碳, 促进藻类的繁殖; 建议晴天 10 时之前、16 时之后使用, 并避开光照强烈的中午; 最好在亚盐刚开始升高时使用, 并在使用后的晚上泼洒增氧片	勿与消毒杀菌药剂同时使用; 要注意调整适合细菌生长的温度; 要注意调整适合细菌生长的 pH 值; 要注意细菌之间的共容性; 要为细菌提供足够的可居住空间

表2-1(续)

名称	作用	用法	注意事项
反硝化细菌	能利用池底淤泥中有机物作为碳源,将池底淤泥中硝酸盐转为无害的氮气排入大气中;有效预防因气候突变引起水质剧变而对鱼虾产生的影响	使用时,可以用红糖泡发2~3 h,然后取池塘底泥搅拌,全池泼洒,可以尽快沉入池底。有条件的可以适当开启增氧机	水体有一定的肥度,可以考虑使用;使用前1~2 d,先用乳酸菌或少量的芽孢进一步提高水体的洁净能力;一定要先少量使用,根据水体的氨氮、亚盐、溶解氧情况判断用量,溶解氧不好一定要先解决溶解氧问题再少量使用;养殖中后期,或者底泥比较厚的老塘口,更要慎重使用。不得与消毒杀菌类药物同时使用,须间隔3 d以上;原则上不能与肥料同时使用,施肥后2 d内也不宜使用,可根据具体情况灵活使用;使用后水体透明度增加是正常现象,应适量施肥

表2-1(续)

名称	作用	用法	注意事项
双歧杆菌	能抑制病原菌生长，减少内毒素进入鱼体，对鲤鱼暴发性肝炎有良好的预防效果；净化水质，特别是养殖中后期，有机质过多、黑水、老水、浓茶水、铁锈水等水质老化池塘；维持藻相、菌相平衡，降低稳定水体 pH 值	可以按照 50 ~ 100 克/(亩·米)兑水均匀泼洒，10~15 d 使用 1 次。水质严重恶化可加倍使用，隔 5~7 d 再用 1 次；发酵饲料时，饲料含水量控制在 30% ~ 50% 为宜，须密封发酵	不要与消毒及抗菌药物一起使用，发酵饲料时不宜与酵母菌、粪肠球菌混合使用
丁酸梭菌	修复肠道，恢复肠道功能的作用更强；建立肠道稳态能力强；提升环境质量，提高饲料利用率；助消化、促吸收、促生长	拌料时，每 1000 mL 丁酸梭菌原液兑适量水稀释，然后喷洒于 100~150 kg 饲料上混合均匀，等到稍微晾干后投喂；若使用冰鲜鱼作为食物，可稍微浸泡 1~2 h 再进行投喂，效果更佳；丁酸梭菌搭配芽孢杆菌、酵母菌、乳酸菌等使用；丁酸梭菌培养用水最好为桶装纯净水或地下深井水（自来水须在阳光下曝晒放置 24 h 以上）；所用容器一定要洁净；培养容器口要密	不可与杀菌消毒剂、杀虫杀藻剂同时使用，若使用需间隔 2~3 d；若池塘缺氧、浮头严重，请勿使用丁酸梭菌；丁酸梭菌不等同于治疗肠道药物

表2-1(续)

名称	作用	用法	注意事项
丁酸梭菌		封好,以防止虫害、杂菌及藻类污染;丁酸梭菌适宜温度为35~37℃;温度较低时,应采用大棚等方式提高温度;温度在15℃以下时,培养效果不好,易受杂菌感染	
EM菌(多菌种混合物)	可使水体中的有机物形成各种营养物质,在降低化学耗氧量的基础上增加水体的溶解氧;可降低氨氮、硫化氢等有害物质,维持生态平衡;在动物肠道内形成的优势菌群还能抑制有害菌的活动,促进机体对饵料的消化吸收;净化水质;促进生长	可以通过拌料或直接泼水的方式使用	需先活化再使用。具体方法如下:在非金属容器中将EM原液与红糖一起溶入约35℃的温水中,密封放在室温25℃以上的环境下进行培养,24~48 h即可完成培养

4. 日常管理

养殖期间,每天早、中、晚必须巡塘3次。注意检查鱼类活动情况、吃食情况和水色变化情况;黎明前观察鱼类有无浮头现象,浮头的程度如何;傍晚检查有无残剩饵料,有无浮头征兆。

高温季节，鱼类易发生浮头死亡，应在半夜前后巡塘，防止泛塘发生。定期检查鱼类生长情况，每隔 15~20 d 打样称重一次，依此确定投饵的规格和投饵量。另外，平时还要做好水温、透明度、日投饵量及是否有死鱼等情况的记录。

四、病害防治

拉氏鲹是一种抗病力很强的品种，在天然和人工养殖条件下不易染病。目前，在养殖过程中没有发现拉氏鲹因发生鱼病而大量死亡的现象。拉氏鲹病害防治以防为主，常见的病害主要是肠道疾病。防治方法为每月投喂 1 次"三黄散"中药药饵或盐酸多西环素药饵；拉氏鲹对硫酸铜特别敏感，养殖过程中不要用硫酸铜。此外，鱼类是变温动物，体温随外界环境条件的变化而改变，水温的急剧升降会影响鱼的抵抗力，导致各种疾病的发生。鱼类在不同的发育阶段，对水温也有不同的要求，鱼苗下塘，水的温差一般不超过 2 ℃，鱼种的温差不超过 4 ℃，温差过大，会引起鱼类大量死亡。

五、池塘越冬技术

一般养殖池塘不论是养殖苗种还是成鱼，越冬密度控制在 500~1000 千克/亩，如何保证鱼类安全越冬是拉氏鲹养殖生产中非常重要的环节。以下是越冬安全须采取的 4 项措施。

（一）杀灭大型浮游动物

越冬池水在冰封前的 15~20 d 要排出 1/2 老水，用晶体敌百虫（含量为 90%）按 $0.3~0.5$ g/m³ 的质量浓度杀死池水中的浮游动物，然后加满池水，准备越冬。

（二）施无机肥

如果越冬池水较瘦，特别是使用比例较大的井水越冬，应施适量无机肥。如果越冬池水较肥，浮游植物生物量大，那么不必施无机肥。在越冬池冰封期前，杀死池水中的浮游动物后，施用无机肥，培养越冬水体中的浮游植物，提高其生物量。无机肥施用量为：越冬水体平均每公顷用尿素 30~40 kg、过磷酸钙 70~100 kg，或每公顷使用复合肥 30 kg 左右。

（三）除雪防"乌冰"

鱼池结冰后，池水和大气几乎隔绝，池水中的氧气很难从空气中补充。冰下水体的溶解氧主要来源于浮游植物光合作用产生的氧气，而浮游植物的光合作用需要一定的光照。雪后冰下的光照度难以满足浮游植物光合作用的需要，因此，下雪后鱼池必须除雪。目前，一般采用除雪机进行除雪作业（图 2-29），除雪面积应大于鱼池面积的 50%。此外，冻雨天气过后，冰面形成"乌冰"，透光度亦下降，此时应通过增氧机搅水或浮泵冲水进行破冰（图 2-30），重造透光度好的冰面。

图 2-29　除雪机除雪作业

图 2-30　浮泵冲水破冰增氧

（四）溶解氧管理

拉氏鳄越冬池塘溶解氧需要维持在 5 mg/L 以上，越冬期间要定期对越冬池水的含氧量进行测定，一般使用便携式测氧仪测定或采用滴定法测定。前者可以直接读数，使用方便；后者是经典的测溶解氧的方法，数值精准，但需要专门培训（图 2-31）。当池水含氧量在 5 mg/L 以上时，可 3 d 左右测定 1 次；当池水含氧量降到 5 mg/L 以下时，要每天测定 1 次。如果溶解氧下降趋势明显，需要查明原因：①如果是连续阴天致使光照弱或冻雨天气造成"乌冰"，需要破冰增氧，常用增氧机破冰或浮泵破冰；②如果水瘦、透明度高、藻类少，需要追施化肥，及时肥水；③如果浮游动物多，需要泼洒敌百虫等药物杀死浮游动物。

测氧仪法　　　　　　　　　　　滴定法

图 2-31　冬季检测池塘溶解氧

❀ 第二节　唇䱻苗种繁育及池塘高效养殖技术

唇䱻（*Hemibarbus labeo*）属鲤科，䱻属（*Hemibarbus*），俗称重唇、重重、白重重（鸭绿江流域），又称黄竹、桃花竹（钱塘江水系）。唇䱻肉质细嫩，味道鲜美，具有较高的营养价值和药用价值，深受消费者喜爱，是我国 55 种主要的淡水经济鱼类之一，具有很好的养殖前景。

唇䱻在我国分布十分广泛，除少数高原地区外，全国各主要水系均有分布。在国外，日本、朝鲜、俄罗斯远东地区及越南北部也有分布。目前，我国䱻属鱼类共 8 种：唇䱻、花䱻（*H. maculatus*）、长吻䱻（*H. longirostris*）、间䱻（*H. medius*）、短鳍䱻（*H. brevipennus*）、钱江䱻（*H. qianjiangensis*）、大刺䱻（*H. macracanthus*）、花棘䱻（*H. umbrifer*）。其中，唇䱻、花䱻分布于全国各主要水系，钱江䱻、大刺䱻、花棘䱻为地域性物种，我国几种䱻属鱼类生物学比较见表 2-2。

表2-2　我国几种鳠属鱼类生物学比较

鳠属鱼类	主要鉴别特征	地理分布	人工养殖开发情况
唇鳠	侧线鳞50左右，吻长明显大于眼后头长，唇发达，下唇发达，具发达的皱褶	黑龙江至闽江、台湾等地各水系	已开发人工池塘、网箱养殖
花鳠	须短，小于眼径，体侧中轴具有7~11个大黑斑	黑龙江至长江以南水系	已开发人工池塘、网箱养殖
长吻鳠	侧线鳞40左右，吻细长、尖而突出，头长为吻长的2倍左右，体侧具多行小黑点组成的暗纹	鸭绿江、辽河、珠江及浙江部分水系	未人工开发养殖
间鳠	吻长略大于或等于眼后头长，唇不甚发达，鳃耙数量为11~15	华南及西南部分地区水系	未人工开发养殖
短鳍鳠	背鳍硬刺长度小于头长的1/2，头长远大于体高，口角达眼前缘的下方	灵江、瓯江	未人工开发养殖
钱江鳠	须长且为眼径的1.5~2.2倍，体长为尾柄长的6倍以下，体侧有大小相似、排列规则的黑褐色小斑点	钱塘江	未人工开发养殖
大刺鳠	背鳍硬刺长远超过头长，头长为眼径的4倍左右	西江	未人工开发养殖
花棘鳠	侧线鳞40左右，头长为吻长的2.3倍左右，测线上方有6~9个较大圆形黑斑	西江	未人工开发养殖

一、唇䱻生物学特性

（一）形态特征

唇䱻体长，略侧扁，腹胸部稍圆；头大，头长大于体高；吻长而突出，吻长显著大于眼后头长；口大，下位，呈马蹄形；唇厚，下唇发达，两侧叶宽厚，具发达的皱褶，中央有小的三角突起，常被侧叶所覆盖；口角有须 1 对，长度小于或等于眼径，后伸可达眼前缘的下方；眼大，侧上位；侧线完全，略平直；背鳍末根不分枝，鳍条为粗壮的硬刺，后缘光滑，起点距吻端的距离短于至尾鳍基的距离；肛门紧靠臀鳍起点；臀鳍起点距尾鳍基的距离与至腹鳍起点的距离相等；尾鳍分叉，上下叶等长（图 2-32）。

图 2-32　唇䱻外部形态

（二）生活习性

唇䱻栖息于江河上游有水流处的中下层，喜低温清水流，湖泊、水库中较少。

（三）摄食习性

唇䱻稚、幼鱼主要摄食浮游动物、水生昆虫等。成鱼主要以水生昆虫和软体动物为食，常见的食物有蜉蝣目（Ephemeroptera）、毛翅目（Trichoptera）、摇蚊科（Chironomidae）幼虫及螺、蚬等软体动物，也摄食藻类、植物碎片、小虾和小鱼。人工养殖条件下可摄食配合饲料。

（四）繁殖生物学

唇䱀在非生殖季节，雌鱼沿腹部后缘有管状生殖突出，而雄鱼没有；在生殖季节，雄鱼头部从眼到吻端有明显追星，部分雄亲鱼体表粗糙，而雌鱼体表光滑。南方个体 2 冬龄时可性成熟，东北地区需 3 冬龄以上。产卵期在 4—5 月，东北地区较南方稍晚。成熟的卵为黄色，卵径为 1.3~1.5 mm，分批产出。排卵多在流水中进行。怀卵量一般在 1 万~3 万粒，2 冬龄雌鱼，体长为 170 mm 的个体怀卵量约为 11300 粒，体长为 215 mm 的个体怀卵量约为 21500 粒。

唇䱀的自然产卵行为如下：到繁殖季节，亲鱼在池边清理出半径为 1~3 m 的似圆形产卵区，亲鱼用嘴将产卵区中的石头和沙子清理干净，产卵区明显整洁干净。在晴天清晨或上午，亲鱼三五成群在此产卵，一般两尾甚至多尾雄鱼追逐一尾雌鱼，并通过身体挤压雌鱼腹部，雌亲鱼排卵的同时雄鱼排精，一般卵粒黏于石头、沙粒表面，来回几次，产卵完毕。在孵化过程中，亲鱼一般有护卵行为，当敌害小杂鱼过来时，亲鱼能将其撵走，直到鱼卵破膜为止，但如果亲鱼受到人为干扰，那么它不再护卵。

二、人工繁殖技术

（一）亲鱼选择

亲鱼来源于国家级、省级唇䱀原良种场，或从江河、湖泊、水库选择体质健壮、无伤病的野生唇䱀。雌鱼 4 龄以上，体重在 0.75~4.00 kg；雄鱼 3 龄以上，体重在 0.5~2.0 kg（图2-33）。

图 2-33　挑选唇䱛亲鱼

（二）亲鱼培育

4 月初，准备大小为 1334~2000 m^2（2~3 亩）的亲鱼培育池塘（图 2-34），并对池塘进行杀塘、注水；池塘注水 7~10 d 后，将外购或自己培育的亲鱼按照 100~150 千克/亩放养密度进行雌雄单独培育；亲鱼下塘前需经 3%~5% 食盐水浸泡 5~10 min 消毒处理。培育期间，坚持"定时、定量、定质、定位"投饵原则，投喂粗蛋白质 30%~33% 的饲料，每天投喂 2 次（8：00—10：00、14：00—16：00），日投饲量为亲鱼重量的 3%~5%。亲鱼分塘后，按照先浅后深的顺序注水：4 月初至催产前，每 10~15 d 加注新水 1 次，每次 10~20 cm；产后至越冬前，每 15~20 d 注换水 1 次，每次 20~30 cm。培育期间，每半月泼洒生石灰浆 1 次，用量为 15~20 g/m^3，10 月中旬以后排池水 1/3~1/2，然后将池水注满，准备越冬。早、晚巡塘，观察亲鱼的摄食、活动、水质变化情况，发现问题及时采取措施，并做好记录，建立档案。

图 2-34　唇䱻亲鱼培育池塘

（三）雌雄鉴别

在生殖季节，雌鱼体表光滑，而雄鱼头部从眼到吻端有明显突起颗粒状追星，部分雄亲鱼体表粗糙（图 2-35 中 1 和 2）。成熟好的雄鱼，轻压腹部能挤出白色精液；成熟好的雌鱼，腹部有管状生殖突，明显红肿，轻压挤有卵粒流出。在非生殖季节，雌鱼沿腹部后缘有管状生殖突出，而雄鱼没有（图 2-35 中 3 和 4）。

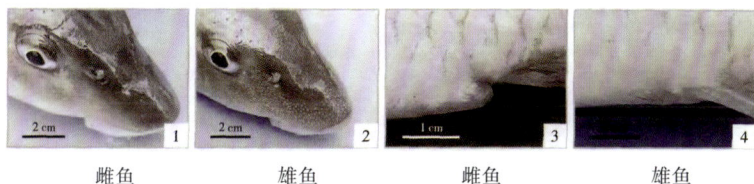

雌鱼　　　　　　雄鱼　　　　　　雌鱼　　　　　　雄鱼

图 2-35　唇䱻雌雄鉴别

（四）人工催产

5 月初，水温稳定在 15 ℃以上，亲鱼性腺发育成熟，即可催产。催产药物采用绒毛膜促性腺激素（HCG）、促黄体素释放激素类似物 2 号（LHRH-A2）和马来酸地欧酮（DOM）组合。每千克雌鱼肌内注射 8～10 μg LHRH-A2+8～10 mg DOM+1500～2000 IU HCG，雄性亲本剂量减半（图 2-36）。一般采用两次肌内注射，每尾注射药量 1 mL，第一次注射量为药液总量的 1/4 ~ 1/3，第二次注射剩余药量，两次注射间隔时间依水温而定，一般为 16 ~ 25 h。雄鱼只注射一次，在雌鱼第二次注射时同步进行。

图 2-36　唇䱻亲鱼注射催产药物

（五）人工授精

到效应期时，一人抓住雌鱼头部，使泄殖孔漏出，另一人用手握住尾柄并用干毛巾将鱼体腹部擦干，随后用手柔和地挤压腹部，将鱼卵挤于盆中，然后将精液挤于卵上（图 2-37），再加入少许生理盐水，用手或羽毛轻轻搅拌 1 ~ 2 min，即完成授精（图 2-38）。

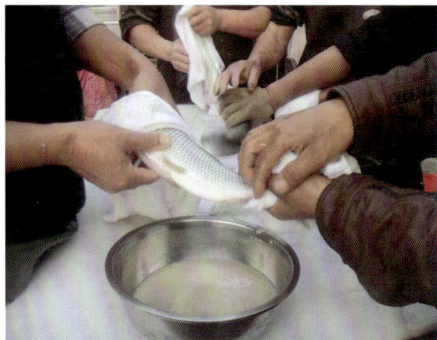

图 2-37　唇䱻挤卵

图 2-38 唇䱻精卵搅拌混合充分受精

（六）孵化

1. 孵化设施

唇䱻受精卵孵化设施包括如下三种：①孵化环道，环宽 0.8~1.0 m，水深 0.8~1.2 m，容积为 5~10 m³（图 2-39）；②孵化桶，水深 0.8~1.0 m，容积为 1.0~1.5 m³（图 2-40）；③孵化槽，水深 0.3~0.4 m，容积为 1.0~1.5 m³（图 2-41）。

图 2-39 孵化环道

2. 孵化方法

唇䱻受精卵不经脱黏便可以挂巢孵化，方法与拉氏鲅相同：即将受精卵均匀黏附在鱼巢的正反两面，然后将鱼巢置于网箱或

图 2-40　孵化桶

图 2-41　孵化槽

水泥池内静水充气孵化（图 2-42），每平方米可孵化受精卵 20 万~30 万粒。为保持水质清新，静水充气孵化时每天换水 30%~50%。唇鲷受精卵常用黄泥浆或滑石粉脱黏，脱黏方法与拉氏鳄相同，经脱黏后，可以用孵化环道、孵化桶、孵化槽孵化。孵化桶微流水充气孵化，每立方米水可放卵 80 万~100 万粒。微流水充气孵化以每小时换水 0.1~0.2 m³ 为宜，并保持水位稳定；用孵化桶孵化时，需要勤刷过滤纱窗，防止水没过滤网上端。

图 2-42 唇䱻受精卵挂巢后网箱孵化

3. 出苗

刚孵出的鱼苗躯体呈半透明状，常侧卧水底，无明显运动（图 2-43）。鱼苗破膜后 5~6 d，体表由乳白色变为灰黄色（图2-44），鳔一室形成且开口摄食，能平游，此时即可出苗下塘。出苗时应动作轻柔，转运水花苗种须带水操作（图 2-45）。

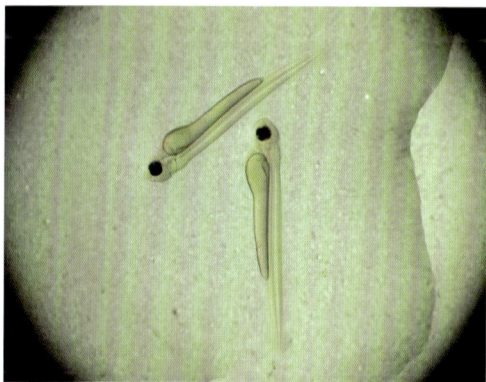

图 2-43 唇䱻初孵仔鱼

【实例】

2009—2010 年，凤城市圣泉渔业有限公司从自家池塘和鸭绿

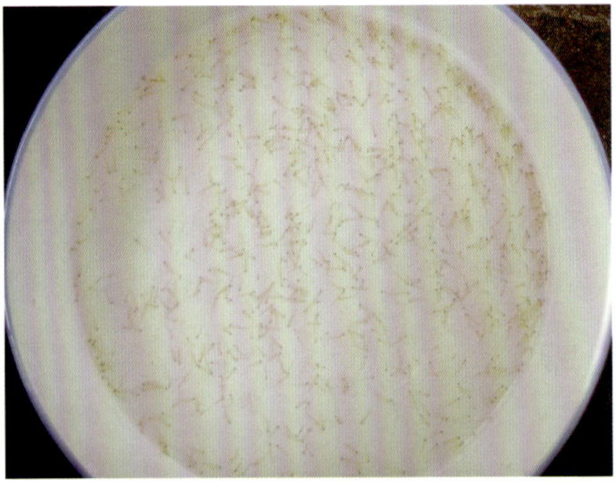

图 2-44　唇䱻初孵仔鱼

图 2-45　唇䱻水花出苗

江水库网箱中挑选唇䱻亲鱼，亲鱼规格如下：雌雄鱼 3 冬龄以上，雌鱼体重 500~4000 g，雄鱼体重 250~2000 g。亲鱼首先经土池培育，培育池大小为 2668 m² （4 亩），水深 1.5~2.5 m，淤泥厚度在 10 cm 以下，微流水养殖，培育期间投喂鲤颗粒饲料。培育后的亲鱼转入车间网箱里雌雄分开培育（图 2-46），水深 1.1~1.6 m，水温保持在 10~20 ℃，定期注换水，清除池底粪便，每天投喂鲤颗粒饲料 2~3 次。采用两次肌内注射法对亲鱼进行催产，部分亲鱼置于预先布设鱼巢的环道内自然产卵，部分亲鱼采用干法授精，干法授精获得的受精卵经黄泥浆脱黏后，采用多种方式孵化：孵化槽、孵化桶、水泥池，以及孵化桶加孵化槽。其中，孵化桶加孵化槽的孵化方式即受精卵破膜前一直在孵化缸中孵化，至破膜期挪至孵化槽中孵化。

图 2-46　唇䱻雌雄亲鱼网箱单独培育

结果表明，在水温 12~14 ℃时，雌鱼与雄鱼比例为 2∶1~3∶1，采用两次注射、人工催产、干法授精的方法，获得发育正常的受精卵，唇䱻催产率最高可达 100%，受精率最高可达 98%，畸形率较低（<1%）。在孵化方式上，以采用孵化缸加孵化槽的孵化方式效果最好，孵化率最高可达 92%；孵化槽、水泥池的孵化效果次之，孵化率达到 50% 以上；网箱孵化效果较低，其孵化率仅为 42%。连续两年催产孵化结果表明，在水温 12~21 ℃时，雌鱼与雄鱼比例为 2∶1~3∶1，采用两次注射 LHRH-A2+DOM+HCG，人工催产、干法授精的方法最好，获得的受精卵质量较好，催产率和受精率均高于 70%。在孵化方式上，以采用孵化槽或孵化缸加孵化槽的孵化方式效果最好，孵化率不小于 85%，畸形率小于 1%，但亲鱼的成活率最高仅达 88%。唇䱻催产、孵化效果比较见表 2-3。

表 2-3 唇䱻催产、孵化效果比较

	年份	2009		2010				
	催产批次	1	2	1	2	3	4	5
催产	组数	10	12	9	20	40	40	100
	♀：♂	1：1	1：1	2：1	3：1	3：1	2：1	2：1
	催产时间	2009-05-06	2009-05-07	2010-05-04	2010-05-08	2010-05-10	2010-05-14	2010-05-24
	水温/℃	16~18	16~18	12~14	13~15	16~18	14~16	18~21
	催产剂	LHRH-A2+DOM+HCG						
	注射次数	两次	两次	两次	两次	两次	两次	一次
	效应时间/h	20	26	26	24	23	26	24
	产卵方式	人工授精 / 自然产卵	人工授精	人工授精	人工授精	人工授精	人工授精	人工授精

项目							
卵粒质量	较好	好	好	好	好	好	不好
产卵/万粒	230	75	70	42	25	28	—*
催产率	80%	80%	74%	95%	100%	80%	10%
受精率	85%	75%	80%	86%	98%	88%	0%
亲鱼成活率	88%	82%	85%	80%	85%	86%	100%
水温/℃	18~21	14~16	16~18	13~15	13~16	13~18	13~18
孵化　孵化方式	水泥池	水泥池	水泥池	孵化缸+孵化槽	孵化槽	网箱孵化	环道
孵化率		80%	60%	50%	92%	85%	42%
畸形率				<1%			
出苗数/万尾	156.4	33.8	28.0	33.2	20.8	10.3	0

注："—*"表示产卵量为几百粒。

三、唇鲭的苗种培育

（一）夏花鱼种培育

1. 池塘准备

土池培育的池塘面积不宜过大，以 3335~6670 m² （5~10 亩）为宜。水花苗种下塘前 15~20 d，用生石灰按照 100~150 千克/亩的用量杀塘，清除野杂鱼或其他敌害生物。清塘后加注新水 80 cm 左右，按照 150~200 千克/亩投放发酵好的鸡粪，或按照厂家推荐用量泼洒氨基酸膏等专用肥水产品（图 2-47）。

图 2-47　池塘泼洒浮游生物培养专用肥

2. 水花下塘

唇鲭水花鱼苗从国家级或省级原良种场购入或自育，外购鱼苗应经检疫合格。鱼苗质量要求如下：鱼体灰色，集群游动，行动活泼，在容器中轻微搅动水体时，90% 以上鱼苗有逆水能力，畸形率小于 3%，伤病率小于 1%。同一池塘放养同一批孵化的鱼苗，运鱼水温与池塘水温温差不超过 2 ℃，放养密度 150 万~225 万尾/公顷。水花下塘时机遵循"轮虫高峰下塘"的原则，如果下塘时开口饵料不充足，应投喂人工鱼苗开口料，保证鱼苗有充足的食物，提高培育成活率。此外，放苗时间最好在晴天的8—9时，下午高温、大雨或降温时，都不宜进行水花鱼苗下塘，如果放苗正赶上大风天，那么放苗一定要在鱼池的上风口。

3. 日常管理

在培育过程中，要定期测定池水的氨氮、亚硝酸氮、溶解氧等指标。当指标超过安全值时 [ρ[①]（氨氮）≤ 0.20 mg/L；ρ（亚硝酸盐氮）≤ 0.10 mg/L；ρ（溶解氧）≥ 5.0 mg/L]，需及时采取换水、泼洒微生态制剂等措施；每月泼洒 1 次生石灰，高温时节定期加注电井水，每次注水 30~40 cm。鱼苗长到 2 cm 左右时，水体中的天然饵料枝角类、桡足类已经不能满足鱼苗的生长需求，大小已经不适口，必须投喂人工配合饲料以满足鱼苗生长的需求，提高鱼苗培育成活率。经过 20~30 d 的培育，鱼苗可长到 3~5 cm，成活率一般在 50%~70%，这时就可以出售夏花鱼苗。

4. 夏花出塘

与其他鱼类相同，唇鱲夏花出塘前需进行拉网锻炼，具体方法参考本书拉氏鲹章节。培育唇鱲鱼苗的池塘一般每亩产出夏花鱼苗 5 万~10 万尾。

【实例】

试验于 2011 年 6 月在辽宁省汤河水库渔场 402#池进行，池塘面积 0.67 hm²，彻底清塘后采用常规"发塘"技术培养轮虫，放养自繁 4 日龄水花 10 万尾，日常管理同"四大家鱼"夏花池塘常规培育，池塘溶解氧质量浓度不低于 5 mg/L，水温 22~29 ℃。每隔 3 d，取样 30 尾测量全长、体重，观察鱼苗活动情况。唇鱲夏花鱼苗生长情况见表 2-4。测量的数据表明，鱼的体重和全长随日龄的增加而增加，在 4 日龄（6 月 9 日）时其平均

---

① ρ 为质量浓度。

全长为 8.65 mm，平均体重为 0.002 g；经 24 d 培育，其平均全长和体重分别为 34.92 mm 和 0.285 g（表 2-4），鱼苗的平均体长增长 3.04 倍，平均体重增长 141.5 倍。唇䱻夏花鱼苗略带黄色，各鳍发育完全；背面观眼睛较大，躯体前部明显粗于后部（图 2-48）。

表 2-4 2011 年唇䱻夏花鱼苗生长情况

采样日期	日龄	平均全长/mm	平均体重/g
2011-06-09	4	8.65±0.18	0.002±0.0009
2011-06-12	7	8.86±0.41	0.004±0.0004
2011-06-15	10	10.22±1.04	0.008±0.0011
2011-06-18	13	13.98±1.38	0.017±0.0028
2011-06-21	16	18.38±1.26	0.031±0.0085
2011-06-24	19	23.07±2.40	0.054±0.0129
2011-06-27	22	26.13±2.79	0.075±0.0089
2011-06-30	25	31.32±3.42	0.199±0.0533
2011-07-03	28	34.92±3.37	0.285±0.0747

图 2-48 唇䱻夏花鱼苗

（二）1 龄秋片鱼种培育

1. 池塘准备

同唇䱻夏花培育。即在夏花苗种下塘前 14~21 d 进行清塘、施肥、注水等操作。

2. 夏花下塘

夏花鱼种质量标准为：规格整齐，体表光滑、完整，无伤病，无畸形，活动能力强。外购鱼苗应经检验合格。夏花下塘前用 3%～5% 食盐水溶液浸洗 5～10 min。放养密度一般每亩为1.0 万～1.5 万尾，白鲢夏花为 2500～3000 尾。

3. 饲料投喂

夏花鱼种放养后第二天开始驯食，投喂粒径为 0.5 mm 的微颗粒料或破碎饲料，同时给予响声刺激。驯食阶段日投饵 2～3次，每次 20～30 min，将池鱼驯化至集群上浮水面抢食（图 2-49），集中上浮抢食后每日投饵 4 次。饲料投喂坚持"四定"投喂原则，人工或机械投喂均可，日投喂量为鱼体重的 3%～5%，日投喂 4 次，根据水温、天气、鱼摄食情况增减，每次实际投喂量以 80% 以上的鱼吃饱离去为宜。

图 2-49　唇䱻夏花苗种驯食颗粒料

4. 日常管理

同唇䱻夏花苗种培育。

【实例】

2010 年，凤城市大堡渔场在面积为 0.27 hm² 的 16# 池投放自繁夏花苗种8万尾，同时套养鲢夏花0.6万尾；池塘水深1.5~2.0 m，池中配备3.0 kW增氧机2台，池塘溶解氧质量浓度高于4 mg/L。鱼种放养前10 d，用生石灰清塘，入池后每月泼洒1次生石灰，高温时节定期加注电井水，每次注水30~40 cm，中期换水1次，换掉池水的3/5，使池水保持肥而爽。投饲：驯化前期阶段投喂水丝蚓，诱使鱼苗集中至料台吃食；驯化完毕开始投喂直径1.0 mm的鲤鱼破碎饲料，其蛋白质含量为33%；后期随着鱼种生长，逐渐调整用1.2，1.5，2.0 mm的鲤颗粒饲料，其蛋白质含量为30%；7—9月日投喂5次（5：00，8：00，11：00，14：00，17：00），日投喂量为鱼体重的3%~5%，视天气和摄食情况灵活掌握。经过142 d培育，平均全长达16.62 cm，增长5.44倍；平均体重达37.88 g，增长290.38倍（图2-50）；出塘时唇鲭1龄秋片鱼种6.248万尾、2366.7 kg，成活率为78.1%，饵料系数为2.5（表2-5）。

图2-50　唇鲭1龄秋片苗种

表 2-5　1 龄唇鲭苗种放养和出塘情况

种类	入池			出池				饲料系数
	时间	体重/g	数量/万尾	时间	体重/g	数量/万尾	成活率	
唇鲭	2010-06-06	0.13	8	2010-10-26	37.88	2366.7	78.1%	2.5
白鲢	2010-06-29	0.18~0.33	0.6	2010-10-26	110	583	88.3%	—

（三）2 龄秋片鱼种培育

1. 池塘准备

同唇鲭夏花、1 龄秋片苗种池塘培育。

2. 鱼种放养

培育池塘投放 1 龄秋片鱼种，鱼种质量要求规格整齐，体质健壮，体表光滑，鳞片完整，无伤病，无畸形，规格 35 g 以上。外购鱼苗应经检验合格。鱼种下塘前用 3%~5% 食盐水溶液浸洗 5~10 min。放养密度根据养成规格和产量确定，一般每亩放养 5000~10000 尾，白鲢夏花 2500~3000 尾，培育管理基本同 1 龄秋片鱼种培育。

3. 饲料投喂

唇鲭 2 龄秋片鱼种培育前期需投喂粒径为 1.5 mm 或 2.0 mm 的颗粒料，养殖后期过渡到粒径为 2.5 mm 甚至 3.0 mm 的颗粒料，饲料蛋白质含量要求不低于 30%。饲料投喂要坚持"四定"投喂原则，日投饵量为鱼体重的 3%~5%，并根据天气情况适当调整。

4. 日常管理

同唇鲭夏花、1 龄秋片苗种培育。

【实例】

2011 年，辽阳县兴大渔场利用 0.67 hm² 池塘（图 2-51）放养规格为 45.6 g 唇䱻 1 龄鱼种 3 万尾。经 168 d 饲养，平均全长达 20.21 cm，平均体重达 156.66 g，出塘唇䱻鱼种 29940 尾，成活率为 99.8%，饵料系数 2.2。

图 2-51　2011 年辽阳县兴大渔场 2 龄唇䱻鱼种培育池塘

四、唇䱻商品鱼养殖

（一）池塘准备

唇䱻主养池塘以 2000~6670 m²（3~10 亩）为宜，底泥厚度不超过 20 cm，平均水深不低于 2 m，水源充足、设施齐全。鱼种放养前需经杀塘、肥水处理，具体操作参考本书拉氏鳄相关章节。

（二）鱼种放养

鱼种放养时间在 5 月中旬，有条件可进行秋放，放养前用 3%~5% 食盐水溶液浸泡消毒 5~10 min。鱼种要求规格齐整、体质健壮，无畸形和外伤；2 冬龄以上，体重在 150 g 以上。一般每亩放养 2 冬龄唇鲳春片 1000～2000 尾，鲢、鳙夏花 3000～5000 尾。

（三）养殖管理

鱼种放养后第二天开始驯食，投喂粒径为 3.0 mm 的颗粒饲料，同时给予声响，日投饵 3～5 次，每次 30～60 min，驯至使鱼群能集中上浮水面摄食、集中抢食后，每天投饵 4 次，总投饵量为池鱼体重的 2%～5%。高温季节（7—9 月）一般每 10～15 d 注换水 1 次，每次 20～30 cm，每 15 d 按 10～15 g/m³ 剂量泼洒生石灰 1 次。每天早、晚巡塘，观察池塘水质、鱼的活动情况和有无发病征兆，发现问题及时采取相应措施，并做好记录，建立档案。越冬期间要保持明冰，定期检测池水溶解氧。当溶解氧质量浓度过低（5 mg/L 以下）时，应采取增氧措施。

（四）养殖产量

唇鲳商品鱼养殖成活率在 90% 以上，规格一般在 500 g 左右，平均亩产 750～1000 kg。

【实例】

2012 年，辽阳县兴大养殖场利用大小 0.93 hm²、水深 2.5 m 的池塘开展唇鲳成鱼养殖试验，池塘为长方形，水源为地下水，配有 1 台 3 kW 的增氧机。投苗前 20 d，池塘先进水 20 cm，按 1500～2250 kg/hm² 用量将生石灰化浆全池泼洒进行清塘。清塘后继续注水至 80 cm 左右，投放生物肥进行肥水，使池水透明度在 30 cm 左右。唇鲳鱼种为渔场自繁，投放大小为 154 g 鱼种 21500 尾，搭配规格为 100 g 的鲢 1500 尾。全程投喂蛋白质和脂肪含量分别为 32% 和 8% 的颗粒料。养殖过程中，每 15 d 加注约 30 cm

新水，高温季节改为 10 d 注入新水 1 次，保持池水清新。试验鱼于 10 月 5 日停止投喂，10 月 17 日现场捕捞出塘唇鲭商品鱼 10510 kg，平均体重为 502.9 g；白鲢 1159.4 kg，平均体重为 775.0 g。唇鲭和鲢鱼的成活率分别为 97.2% 和 99.7%，详细结果见表 2-6。养殖期间共投喂 10400 kg 饲料，产摄食鱼 11670 kg，净产鱼 10510 kg，饵料系数为 1.4。

表 2-6　唇鲭池塘养殖试验结果

种类	放养时间	放养规格/g	放养量/尾	放养密度/(尾·公顷$^{-2}$)	放养比例	起捕量/尾	成活率	个体体重/g	相对增加率
唇鲭	2012-05-19	154	21500	23118	93%	20900	97.2%	502.9	226.6%
鲢鱼	2012-05-20	100	1500	1613	7%	1496	99.7%	775.0	675%

五、唇鲭池塘越冬技术

唇鲭苗种或成鱼越冬期管理同拉氏鲅，具体操作参见本书拉氏鲅相关章节。

六、唇鲭常见疾病防治

在生产实践中发现的唇鲭疾病主要有细菌性烂鳃病、锚头鱼蚤病、车轮虫病等。不同疾病的病原、症状和防治方法见表 2-7。

表 2-7　唇鲭常见疾病及防治方法

病害名称	病原	症状	防治方法	备注
细菌性烂鳃病	柱状嗜纤维菌	病鱼体色发黑，游动迟缓，鳃盖骨的内表皮往往充血发炎，鳃组织黏液增多，因局部缺血而呈淡红色或灰白色。严重时，鳃小片坏死，鳃丝末端腐烂，并附着污泥等物。此病在 15 ~ 30 ℃均可发病，水温越高越易流行，危害也越严重	（1）0.3 ~ 0.6 mg/L 全池泼洒二氯异氰脲酸； （2）0.3 ~ 0.5 mg/L 全池泼洒三氯异氰脲酸； （3）氟苯尼考拌料投喂，每日每千克体重 7 ~ 15 mg，连喂 3 ~ 5 d； （4）磺胺间二甲氧嘧啶拌饵投喂，每日每千克体重 100 ~ 200 mg，分 2 次投喂，连喂 3 ~ 6 d	图 2-52
锚头鱼蚤病	锚头鱼蚤	锚头鱼蚤以头部插入寄主的肌肉与鳞下，而胸腹部裸露于鱼体外，在虫体寄生部位可见针状虫体。锚头鱼蚤寄生部位有出血症状，病鱼通常呈现烦躁不安、食欲减退、身体瘦弱、行动迟缓、终至死亡。此病主要发生在鱼种和成鱼阶段	全池泼洒晶体 90% 敌百虫，使池水成 0.3 ~ 0.5 mg/L 的质量浓度，一般需在半月内连续施药 2 次	图 2-53

表2-7(续)

病害名称	病原	症状	防治方法	备注
车轮虫病	车轮虫	少量寄生时，没有明显症状；大量寄生时，刺激鳃丝和皮肤分泌大量黏液，体表有时出现一层白翳	质量浓度为0.7 mg/L的硫酸铜和硫酸亚铁合剂（5：2）全池泼洒	图 2-54

图 2-52　烂鳃病

图 2-53　被锚头鱼蚤寄生的唇鲷成鱼

图 2-54　车轮虫

🍀 第三节　瓦氏雅罗鱼苗种繁育及池塘高效养殖技术

　　瓦氏雅罗鱼（*Leuciscus waleckii*）属鲤形目，鲤科，雅罗鱼亚科，雅罗鱼属（*Leuciscus*），俗称江鱼、滑子鱼、东北雅罗鱼。瓦氏雅罗鱼为中小型经济鱼类，在我国常见于黑龙江、松花江、嫩江、海拉尔河、鸭绿江、辽河等水域，属"三花五罗"之中的"五罗"之一。瓦氏雅罗鱼肉味鲜美，营养丰富，深受广大消费者青睐。因近年江河捕捞量逐年减少，现在已由自然捕捞向人工养殖方向发展。

一、瓦氏雅罗鱼生物学特性

（一）形态特征

　　瓦氏雅罗鱼体长，侧扁，腹圆，无腹棱；眼较大，吻端钝，稍隆起；头较短，口端位，上颌略长于下颌，上颌骨后延至眼前缘下方；口无角质边缘，无须；鳞中等大，圆形，侧线鳞数量为50~56，侧线完全，微向腹面弯下，向后延至尾柄正中轴；背鳍无硬刺，体背部灰褐色，腹部银白色；鳞片基部有明显的放射线纹，后缘灰色；各鳍灰白色，胸鳍、腹鳍和臀鳍有时呈浅黄色（图2-55）。

图2-55　瓦氏雅罗鱼

（二）生活习性

瓦氏雅罗鱼栖息于水流较缓的河流、湖泊的中上层。对高碱度水体有较强的适应性（达里湖水的总碱度在53.8毫克当量/升时仍能正常生长）。虽然不是冷水性鱼类，但喜栖息于水流较缓、底质多砂砾、水质清澄的江河口或山涧支流的中上层，半咸水湖泊也可生活，完全静水中较为少见。喜集群活动，往往形成一个很大的群体，夏季每当傍晚时浮于水的上层，使水面似雨点状。

瓦氏雅罗鱼有生殖洄游习性，江河刚开始解冻即成群地上溯到上游产卵（图2-56），然后进入湖岸河边肥育，冬季进入深水处越冬。

（三）摄食习性

瓦氏雅罗鱼为杂食性鱼类，以底栖动物、水生昆虫为食，也

图 2-56　瓦氏雅罗鱼溯河产卵

食藻类、水生高等植物和小鱼虾等，幼鱼时期的食物主要是浮游动物，人工养殖条件下可摄食人工配合饲料。

（四）生长

自然条件下瓦氏雅罗鱼生长速度不快，4 冬龄鱼为最大成长年龄，体长约 37 cm，重 0.25~0.35 kg。瓦氏雅罗鱼个体不大，一般捕获群体以 3~4 龄鱼为主，体长 15~19 cm。

（五）繁殖生物学

瓦氏雅罗鱼 3 龄性成熟，自然界繁殖期为每年的 4—5 月，人工繁殖为每年 3 月下旬至 4 月上旬，产黏性卵，绝对生殖力为 2.7 万~7.7 万粒。瓦氏雅罗鱼有明显的洄游规律，繁殖季节较早，当水温达 4~8 ℃时就开始产卵。卵产在砂砾或其他附着物上，受精卵经 15~20 d 的孵化即可出苗，顺河水水流游到大湖中栖息、生长。产卵后亲鱼进入湖岸河边肥育，冬季进入深水处越冬。

二、人工繁殖技术

（一）亲鱼的选择和培育

作为繁殖用亲鱼，要选择无病、无伤、体质健壮、年龄在 3

冬龄以上的个体，雌雄亲鱼体重在 0.15~0.25 kg。无论是池塘养殖的亲鱼还是自然水域捕获的亲鱼，在繁殖前必须经过严格挑选。辽宁地区瓦氏雅罗鱼人工繁殖一般在 3 月下旬至 4 月上旬开始，亲鱼池拉网后挑选合适的亲鱼（图 2-57）。亲鱼挑选的方法如下：雄鱼选择头部、胸鳍内侧有白色颗粒状突起即追星性状明显（图 2-58），轻按腹部有白色精液流出的个体；雌鱼选择腹部膨大松软的个体（图 2-59）。

图 2-57　挑选瓦氏雅罗鱼亲鱼

图 2-58　瓦氏雅罗鱼雄性亲鱼（示头部追星明显的个体）

图 2-59　瓦氏雅罗鱼雌性亲鱼（示腹部膨大的个体）

（二）人工催产

挑选合格的亲鱼便于后续操作，计数后需要用网箱隔离暂养（图 2-60）。进行雌雄配组时，一般情况下雌雄比例为 4∶1~5∶1。催产前，首先对鱼巢、亲鱼暂养网箱和孵化桶等进行消毒处理，另外需检查亲鱼暂养、孵化设施供水、供氧系统是否正常，方法同拉氏鲅。当水温维持在 8~10 ℃时即可进行人工催产，一般采用 HCG（绒毛膜促性腺激素）、DOM（马来酸地欧酮）和 LHRH-A2（促黄体素释放激素类似物 2 号）混合液一次性注射（图 2-61），每千克雌鱼注射 2000 IU HCG+8 mg DOM+8 μg LHRH-A2，雄鱼剂量减半，并根据天气情况和亲鱼发育情况做上下调整，注射催产药物的亲鱼继续隔离暂养。在 8~14 ℃环境下，瓦氏雅罗鱼效应期为 44.5~52.0 h，催产药物注射后需每隔 2~3 d 检查一下亲鱼。

图 2-60 亲鱼计数和雌雄隔离暂养

图 2-61 注射催产药物

（三）人工授精

人工授精的时机选择：雌鱼用手轻压腹部有卵粒流出，呈浅灰色或浅粉色，富有弹性且透明；雄性亲鱼挤压腹部有白色精液流出，精液遇水后立刻散开。瓦氏雅罗鱼采用干法授精：首先将卵挤于洁净干燥的盆中，然后挤入精液，用手或羽毛迅速将精液混合，最后加入少量生理盐水并用羽毛搅拌混匀备用（图 2-62）。

图 2-62 瓦氏雅罗鱼人工授精

（四）人工孵化

瓦氏雅罗鱼受精卵孵化方式有两种：孵化桶孵化和网箱静水充气孵化。孵化桶孵化需要对受精卵进行脱黏处理（图 2-63），方法同拉氏鲅受精卵脱黏。脱黏后的受精卵按 100 万粒/m³ 密度置于孵化桶内孵化（图 2-64）。网箱静水充气孵化需要将受精卵黏附在鱼巢上，然后将鱼巢置于 40 目网箱内充气孵化。受精卵孵化的时间与水温有关，在适宜的温度（10～13 ℃），孵化时间为 310～380 h，即 13～16 d；在 13 ℃左右环境下，5～6 日龄仔鱼可以平游，8～10 日龄仔鱼开口摄食。瓦氏雅罗鱼人工繁殖期间水温较低（10～15 ℃），一些未受精的卵或坏死卵极易感染水霉，并诱发与之相连的卵感染，因此，受精卵挂巢后置于网箱内充气孵化的效果往往不及孵化桶孵化的效果（表 2-8）。

表 2-8 瓦氏雅罗鱼不同孵化方式的比较

繁殖时间	繁殖水温/℃	催产率	受精率	孵化方式	孵化率
2019-03-28	8～14	75%	80%	挂巢网箱孵化	11.75%
2019-04-09	10～16	80%	85%	孵化桶孵化	66.5%

图 2-63　0.15%鞣酸脱黏瓦氏雅罗鱼受精卵

图 2-64　瓦氏雅罗鱼受精卵孵化桶孵化

（五）水花鱼苗的计数、出售与运输

在鱼苗破膜平游 3~4 d 后，就可以出售水花鱼苗。瓦氏雅罗鱼水花鱼苗出售时亦采用体积法计数。一般情况下，瓦氏雅罗鱼水花鱼苗每毫升 230~260 尾。瓦氏雅罗鱼水花鱼苗运输的方法和家鱼一样，采用塑料袋充氧运输的方法：规格为 90 cm×45 cm 的塑料袋可运输 10 万尾左右的水花鱼苗，塑料袋 1/3 体积装水和苗，2/3 体积用于容纳氧气和扎口。短途运输直接用编织袋封装，长途运输用泡沫箱封装（图 2-65），并在箱内放上预冻成块的矿泉水（带瓶）或生物冰袋。

图 2-65　泡沫箱用于长途运输水花鱼苗

三、瓦氏雅罗鱼的人工养殖技术

（一）夏花鱼苗培育

鱼苗培育主要有两种方法：一是网箱培育；二是土池培育。其中，土池培育是目前北方地区主要采取的一种培育方法。

1. 网箱培育

鱼苗孵出后 3~4 d 卵黄囊已近吸收完毕，这时已能平游并开口吃食。鱼苗按 1500 尾/米^2 的密度置于 40 目网箱内培育（图 2-66），首先投喂微粒子粉料作为开口料（与拉氏鱼岁相同），每天投喂 4 次；鱼苗饲养 7~10 d 后，将养殖密度调整为 500~800 尾/米^2，调整投喂饲料的规格。在鱼苗长到 2 cm 后可下塘进行苗种培育。

图 2-66　瓦氏雅罗夏花苗网箱培育

2. 土池培育

瓦氏雅罗鱼水花至夏花培育池塘不宜过大，以 667~3335 m²（1~5 亩）为宜，放养密度以 10 万~15 万尾/亩为宜，鱼苗下塘时，要注意平衡池塘水温和装鱼苗水温的温差（控制在 2 ℃ 内），选择晴好天气放苗，时间选在 9 时；有风天气放苗需要选在上风口。池塘准备与其他鱼类似，均需要杀塘、肥水两个过程（详见本书拉氏鲅章节）。瓦氏雅罗鱼苗种生产实践表明，鱼苗下塘时（3 月底和 4 月上旬）水温常在 10~15 ℃ 波动（图 2-67），此条件下轮虫高峰需要 20 d 左右，详细数据见表2-9。因此，若要达到"轮虫高峰"下塘要求，杀塘、肥水的时间要与亲鱼催产、授精等生产环节高度配合，保证鱼苗下塘时有足够的生物饵料。此外，春季池塘浮游动物不易培养，生产上可用高蛋白粉料（粗蛋白质含量为 45% 左右）替代浮游动物作为开口饵料，投喂粉料尽可能地做到全池泼洒（图 2-68）。当鱼苗长到 2 cm 左右时，水体中的天然饵料或粉料大小已经不适口，必须投喂小粒径的人工配合饲料（图 2-69），以满足鱼苗生长的需求，提高鱼苗培育成活率。这样经过 20~30 d 的培育，鱼苗可长到 5 cm，成活率一般在

50%左右，这时可以出售夏花鱼苗。瓦氏雅罗鱼夏花鱼苗售出前，同其他养殖鱼类一样要进行拉网锻炼，具体操作方法同拉氏鲹。

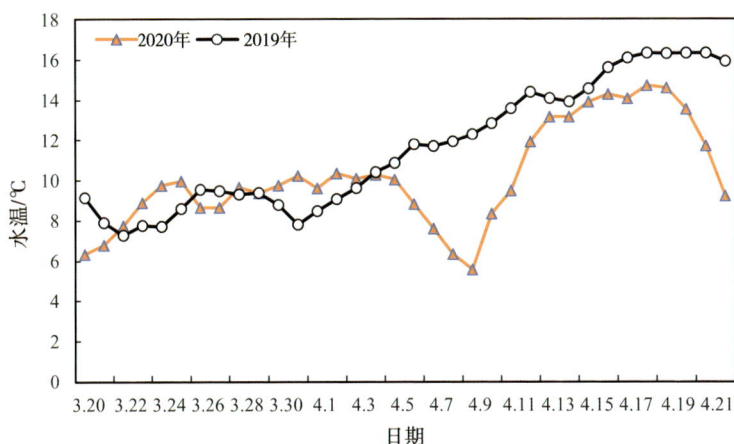

图 2-67　辽宁省淡水水产科学研究院试验基地 2019 年和 2020 年瓦氏雅罗鱼繁殖期间池塘水温变化

表 2-9　北方池塘春季轮虫高峰发生情况

池号	2	3	4	6	7	8
轮虫数量/（$10^4 \cdot L^{-1}$）	1.08	0.72	0.55	0.71	0.28	0.82
轮虫生物量/（$mg \cdot L^{-1}$）	16.8	47.2	29.8	14.8	25.6	18.5
清塘至轮虫发生时间/d	7	6	6	7	6	6
清塘至轮虫高峰期时间/d	19	21	18	20	23	25
优势种类	角、萼	萼、晶	萼、晶	萼、三	晶、萼	萼
平均水温/℃	10.6	9.8	10.4	10.2	10.1	9.7

注：优势种类中，"角"代表角突臂尾轮虫，"萼"代表萼花臂尾轮虫，"晶"代表前节晶囊轮虫，"三"代表长三肢轮虫。

图 2-68　瓦氏雅罗鱼夏花苗种池全池投喂粉料

图 2-69　瓦氏雅罗鱼苗种小粒径饲料

3. 夏花鱼苗出售、运输

北方地区出售瓦氏雅罗鱼夏花鱼苗的时间一般在 5 月中下旬，此时鱼苗全长可达 3～5 cm。鱼苗采用重量法计数，具体操作与拉氏鲅相同。鱼苗采用尼龙袋充氧装运，一个 90 cm×45 cm 的双层尼龙袋可装 3～5 cm 鱼苗 1000～3000 尾，若短途运输可装 3000 尾，若长途运输可装 1000～1500 尾。短途运输用编织袋封装，长途运输用泡沫箱封装，并在箱内放上预冻成块的矿泉水（带瓶）或生物冰袋。运输时间达到 20 h 以上，运输途中要注意水温和气温的变化，并经常检查，中途可以换水和氧 1 次，防止鱼苗死亡。

（二）鱼种培育

鱼种培育的池塘面积一般在 1334～6667 m^2（2～10 亩），放苗前需经杀塘、肥水处理，使鱼苗下塘后有丰富的天然饵料（图 2-70）。鱼苗的质量要求体质健壮，无伤、无病、无畸形，规格要整齐，鱼苗入池前严格进行检疫和药物消毒，放养密度为 1～2 万尾/亩，同时套养花白鲢夏花。放苗后 3～5 d，开始驯化投喂人工配合饲料，驯化 7～10 d，鱼苗即可上浮集群抢食。根据天气情况、水质情况、鱼的吃食情况来确定投饵量，一般投饵量为鱼体重的 2%～3%，由于目前没有瓦氏雅罗鱼的专用饲料，投喂鲤鱼苗种料即可，蛋白质含量为 32%～35%。一般在高密度养殖情况下，经过 5 个多月的饲养，亩产可达 300～500 kg，规格为 20～30 g，成活率为 80%～90%。

图 2-70　瓦氏雅罗鱼鱼种培育池塘

【实例】

2017 年 5 月 6 日，在一个 3335 m^2（5 亩）的池塘进行苗种培育试验，放养瓦氏雅罗鱼夏花鱼苗 12 万尾，放养密度为 2.4 万尾/亩，规格 3~4 cm，缓苗 3 d 后开始驯化，经 3~7 d 驯食人工配合饲料，苗种开始集群上浮抢食。投喂的饲料均为鲤鱼饲料，蛋白质含量为 32%~35%，每天投饵 4 次，投饵量 3% 左右，根据鱼苗的生长情况随时调整饲料的规格，同时搭配花白鲢夏花鱼苗，充分利用水体空间和调节水质。瓦氏雅罗鱼喜低温，在 7—8 月高温季节，养殖的池塘定期加注深井水，以维持水温低于 28 ℃。瓦氏雅罗鱼抗病力较强，养殖期间，没有鱼病发生。经过 5 个月的养殖，共出塘瓦氏雅罗鱼秋片鱼种 2232.5 kg，规格为 19.7 g，成活率为 94.4%，每亩产雅罗鱼秋片鱼种 446.3 kg，饵料系数为 1.2。

（三）成鱼养殖（池塘主养）

1. 池塘条件

主养瓦氏雅罗鱼的池塘面积以 3335~6670 m^2（5~10 亩）为宜，池底平坦不漏水，底泥厚度最好不超过 20 cm，最好是新推的或清完底泥的池塘，水深能保持 2.5~3.0 m，注排水方便（图 2-71）。水源必须充足，没有污染，河水与井水均可。投饵机、增氧机配套设施齐全，其中精养池塘增氧机按 1 千瓦/亩比例配置。

2. 鱼种放养

鱼种放养前 10 d 必须彻底清塘，方法与其他养殖鱼类相同，采用干法清塘消毒，每亩用生石灰 75~100 kg 或漂白粉 6~10 kg。鱼种放养前要用 3% 食盐水或 20 g/m^3 高锰酸钾溶液浸浴消毒。放养时间一般在 4 月上中旬，放养密度在 3000~5000 尾/亩。从 4 月初放苗到 10 月初停食，经过近 6 个月的饲养，在正常情况下，每亩可产瓦氏雅罗鱼商品鱼 500~750 kg，规格为 150~250 g，成活率为 90% 以上。

图 2-71 瓦氏雅罗鱼成鱼养殖池塘

3. 成鱼养殖案例

（1）池塘生态养殖。

①池塘准备。池塘大小为 6670 m² （10 亩），水深 1.8 m；呈长方形，东西走向，沙壤土，少淤泥；底质平坦，水质清新；苗种投放 10 d 前，生石灰化浆带水 6~10 cm 消毒，亩施发酵鸡粪 500 kg；消毒 1 周后，注水 60~80 cm。

②苗种放养。5 月初，面积为 0.67 hm² 池塘放养春片鱼种，放养的密度为 816 尾/亩，包括瓦氏雅罗鱼春片苗种 585 尾、德国镜鲤苗种 40 尾、花白鲢 65 尾、彭泽鲫 74 尾、武昌鱼 52 尾。放苗时用 3% 氯化钠和 1% 小苏打混合液浸洗鱼体 5 min，进行消毒，以预防鱼病。

③饲料及其投喂。采用自配饲料：将廉价的废弃牛血加少许盐煮熟后，与豆粕、玉米面、糠麸等植物性饲料搅拌均匀后做成人工混合料。定点投喂，投喂时捏成团状，投在饵料台上。每天投喂 3 次，保证让鱼吃饱，不剩残饵为佳。

④日常管理。坚持每天早、晚巡塘检测，注意观察水质变

化、鱼类活动、摄食及生长情况，定期测定溶解氧、pH 值等指标，记好养殖日记，保持资料完整。养殖期间，保持水质"肥、嫩、爽"；随着温度增加，适时加注新水、提高水位。一般每隔 10 d 加注新水 1 次，每隔半月泼洒 1 次生石灰水，用量为 15～25 千克/亩。

⑤产量与效益。经过 159 d 的精心饲养，共出池商品鱼 2080 kg，平均亩产商品鱼 205 kg。其中，瓦氏雅罗鱼128 kg，占总产量的 62%，平均体重 225 g；镜鲤 18 kg，平均体重 508 g，占总产量的 9%；武昌鱼 16 kg，平均体重 400 g，占总产量的 8%；花白鲢 30 kg，平均体重 510 g，占总产量的 14%；彭泽鲫 16 kg，平均体重 250 g，占总产量的 8%。饵料系数为 1.85。本试验商品鱼销售价格为：瓦氏雅罗鱼、武昌鱼 16 元/千克，镜鲤 10 元/千克，花白鲢平均价 6 元/千克，彭泽鲫 12 元/千克。总收入 28560 元，每亩收入 2856 元。扣除鱼种款、运杂费、人工费、水电费、饲料、鱼药费等各项生产费用 13520 元，总盈利 15040 元，每亩盈利 1504 元。投入产出比为 1：2.11。

（2）夏花养至商品鱼模式。

①池塘准备。同鱼种培育。

②苗种投放。2013 年 5 月，瓦氏雅罗鱼 2～3 cm 夏花 10 万尾，放入 10 个总计 8 hm² （120 亩）的池塘中，平均放养密度为 830 尾/亩。

③饲料投喂。2013 年 5—10 月，主要投喂破碎料，2014 年 4—10 月投喂 1.0 mm 颗粒料。投喂量按鱼体重的 3%～5% 计算，并根据天气变化上下调整。

④产量与效益。经过近两年的饲养，2014 年 10 月瓦氏雅罗鱼养成出塘，成活率在 67% 左右，每亩产成鱼 140 kg，平均规格达到 0.25 kg，亩产值 5600 元，总产量 16940 kg，总产值 67.76

万元，总利润 23.2 万元。

（3）春片养至商品鱼模式。

①池塘准备。同鱼种培育。

②苗种投放。2016 年 5—10 月，在一个面积为 0.64 hm² 的池塘中进行，放养密度为 6000 尾/亩，规格为 26～30 尾/千克，体重 33～38 g。

③饲料投喂。投喂的饲料均为鲤鱼饲料，粗蛋白质含量为32%，每天投喂 4 次，投喂量按鱼体重的 3%计算，并根据天气变化上下调整。

④水质调控。雅罗鱼喜欢低温，在 7—8 月高温季节，养殖的池塘定期加注深井水以维持水体的低温环境，最适宜水温在28 ℃以下，保证鱼类的正常摄食。

⑤产量与收益。经过 5 个月的养殖，池塘产规格为 170 g 的商品鱼 10000 kg，每亩产 1048 kg，成活率 90%以上，饵料系数为2.3，养殖成本为 14～16 元/千克，市场售价在 24 元/千克左右，具体结果见表 2-10。

表 2-10　瓦氏雅罗鱼养殖结果

品种		放养情况			养殖结果			
		规格/g	数量/(尾·亩⁻¹)	重量/(千克·亩⁻¹)	规格/g	数量/(尾·亩⁻¹)	重量/(千克·亩⁻¹)	成活率
主养鱼	瓦氏雅罗鱼	33～38	6000	210	170	5980	1048	99.7%
配养鱼	白鲢	100	200	20	800	195	156	95%
	花鲢	150	50	7.5	900	50	45	100%

四、病害防治

病害防治以预防为主。一般情况下，通过改善养殖环境、提高宿主免疫力和消杀病原菌等多种措施来预防病害发生。根据瓦氏雅罗鱼喜低温的生物学特性，养殖过程中要保持水质清新，需要通过控制养殖密度和及时换水、调节水质等措施达到目标；同时，高温季节注意适当减少投喂量，并采取定期投喂具有保肝、改善肠道功能的药饵来减少肠道性疾病的发生。瓦氏雅罗鱼抗病力相对较强，暴发性疾病报道较少，生产上可参考鲤鱼用药来预防疾病。

五、主养池塘越冬技术

北方地区池塘主养的瓦氏雅罗鱼一般情况下都要在第二年春天出售，要经过5个多月的冰下越冬。一般的越冬密度每亩控制在 1000~1500 kg，与多数鱼类池塘越冬操作相近，瓦氏雅罗鱼成鱼越冬主要工作流程包括：①换水杀虫，抽掉原塘水的 1/2 后，用敌百虫杀灭池塘的浮游动物，然后加注井水至满塘状态；②施肥，向池塘泼洒复合肥，快速培养浮游植物；③定期测氧，定期监测和记录水中溶解氧，观察溶解氧变化趋势并分析原因，当溶解氧持续低于 5 mg/L 时及时破冰增氧；④除雪防"乌冰"，冻雨天气过后冰面透光度下降，影响浮游植物光合作用，应及时下增氧机或浮泵破冰，重造透光度好的冰面；⑤雪后及时清理冰面积雪，保持透光冰面占池塘面积 50% 以上。具体操作可参照本书拉氏鲹相关章节。

❀ 第四节 勃氏雅罗鱼苗种繁育及池塘高效养殖技术

勃氏雅罗鱼（*Leuciscus brandti*）学名滩头雅罗鱼、三块鱼（国际商品名）、远东雅罗鱼、亚细亚陆鱼，地方名有大红线、小红线、大白肚、滩头鱼、金滩头、银滩头、黑滩头和高丽细鳞等，属鲤形目、鲤科、雅罗鱼亚科、雅罗鱼属。勃氏雅罗鱼是鲤科鱼类中唯一在海洋中生活、在淡水河流中繁殖的洄游型溯河产卵的偏冷水性鱼类。该鱼原来分布于亚洲东部海岸，北至黑龙江下游、图们江，南到台湾。由于水质污染、过度捕捞和产卵环境受到破坏等情况，我国现在仅剩图们江、绥芬河和黑龙江有少数产卵种群，其他河流基本绝迹。

勃氏雅罗鱼体形优美、色彩艳丽，身体两侧各有一条纵向红色彩带，所以俗称大红线。此外，勃氏雅罗鱼肉味鲜美，不饱和脂肪酸含量高；具有杂食性，喜欢人工颗粒饵料；具有广盐性，海水、淡水均可生长，半咸水生长较快。目前，勃氏雅罗鱼的大规模人工催产、繁育技术已经成功，商品鱼养殖也在广东、辽宁、山东、黑龙江、湖北和天津等省（直辖市）获得了成功，取得了良好的经济效果。因此，适应市场需求，投资勃氏雅罗鱼养殖业前景广阔。

一、勃氏雅罗鱼生物学特性

（一）形态特征

勃氏雅罗鱼体长形，稍侧扁；背部颜色随时间和地点的不同变化较大，腹部白色；头尖吻长，口下位；圆鳞；尾鳍分叉形，两叶末端尖。成鱼通常在身体两侧侧线下、鼻孔下方向后至尾鳍基部有一条橘红色纵带（图2-72），但纵带颜色也随时间和地点的不同而有所变化。

图2-72 勃氏雅罗鱼

（二）生活习性

每年4月中下旬，勃氏雅罗鱼都会分三批从公海千里迢迢、成群结队地游回故乡，进入淡水河流产卵繁衍。第一批游回的勃氏雅罗鱼个体较小，数量较多，体色金黄，鳍条及身体两侧的纵带呈红色或橘红色，通体在阳光照耀下金光闪闪，俗称金滩头；过一段时间，第二批勃氏雅罗鱼游回，此时的鱼个体稍大，数量极少，体色较浅，身体两侧的纵带也变浅，通体变成银白色，俗称银滩头；再过一段时间，第三批勃氏雅罗鱼游回，这批鱼的数量最多，个体最大，是勃氏雅罗鱼的主要产卵群体，鱼体色较暗，体背变铁灰色，俗称黑滩头或铁滩头。勃氏雅罗鱼具有广温性，对温度适应性强，0~33℃均可生存；具有广盐性，适应盐度为0%~3%，少部分始终生活在淡水中；海水、淡水均可生长，有较高的耐碱性，在海水、咸水、咸淡水、纯淡水和pH值为9以下的碱性水中均能生活。

（三）摄食习性

勃氏雅罗鱼在水温 8 ℃时开始摄食，22~28 ℃摄食最佳。具有杂食性，与鲤鱼的食性相同，主要食物为水生昆虫、软体动物和大型浮游动物，其次为水生维管束植物、藻类、小鱼虾等，幼鱼时期的食物主要是浮游动物，在人工池塘中可食人工颗粒饲料。

（四）生长

勃氏雅罗鱼为中小型鱼类，常见个体重 300~500 g。在自然河流淡水中孵化的幼鱼，体长达到 2.5 cm 时，开始边摄食边降河洄游，在秋季到达河口，后进入海洋生长，待性腺成熟后，洄游到淡水中产卵。在自然水域，当年个体体长 11~18 cm，体重 10~12 g；2 龄个体体长 20~28 cm，体重 200~330 g；3 龄个体体长 25~33 cm，体重 350~550 g，最大个体长度 65 cm，体重 3.5 kg。

（五）繁殖生物学

勃氏雅罗鱼在自然江河中 3 龄成熟，人工养殖的 2 龄可达成熟期。成熟个体一般重 300~500 g，每 500 g 雌鱼怀卵量平均为 3 万粒。勃氏雅罗鱼在纯淡水中产卵，成鱼产卵后即返回海中，适宜产卵水温为 7~20 ℃，鱼的卵径很小，平均直径 1.8 mm，卵黏性、米黄色。仔鱼在河湾育肥，到秋末降河入海，也有在河湾越冬，第二年春季解冻后才降河入海。

二、人工繁殖技术

（一）雌雄亲鱼的鉴别和配组

在非生殖季节，勃氏雅罗鱼雌雄在外部形态上没有明显的区别，繁殖前半个月性成熟，雄性亲鱼在吻部、上下颌、眼的周围、胸鳍内侧有显著的白色追星（图 2-73），用手触摸其身体感觉非常粗糙；雌性亲鱼腹部膨大，身体光滑，头部没有追星（图2-74）。

图 2-73　繁殖用勃氏雅罗鱼雄鱼（示白色追星）

图 2-74　繁殖用勃氏雅罗鱼雄鱼（上）和雌鱼（下）

（二）精子和卵子成熟度观察

做人工繁殖前须进行雄鱼精子和雌性卵子成熟度的观察，这是人工繁殖成功的关键。精子主要在显微镜下观察活力状况，即取少量精子，放在载玻片上，加上配好的生理盐水，在显微镜下观察和记录精子剧烈活动的时间（图 2-75），然后根据记录的时间，安排好人工授精的时间；对卵子成熟度的观察主要把雌性亲鱼解剖，观察卵巢和卵子发育情况（图 2-76 和图 2-77），若卵巢发育饱满、卵子晶莹饱满、各卵子之间已经分离，这时就可以进行人工繁殖。

图 2-75　显微镜下观察和记录精子的活力

图 2-76　解剖勃氏雅罗鱼雌鱼

图2-77 检查卵粒是否分离

（三）人工催产

勃氏雅罗鱼在水温16℃以上即可进行产卵繁殖。人工授精时雌雄配组要根据亲鱼的成熟度灵活掌握。一般情况下，雌雄比为3：1～4：1。人工催产的药物有绒毛膜促性腺激素（HCG）、马来酸地欧酮（DOM）和促黄体素释放激素类似物2号（LHRH-A2），在规模化生产过程中一般采用混合液一次性注射。根据天气情况、亲鱼的发育情况来催产勃氏雅罗鱼，每千克雌鱼注射催产药物剂量为10 μg LHRH-A2+10 mg DOM+1000 IU HCG，雄性注射催产药物剂量为雌性的一半，上述药物经生理盐水溶解混合后，每尾亲鱼经背部肌内注射1 mL（图2-78）。因为每年天气和水温情况不尽相同，亲鱼的发育情况也不完全一样，因此大批量人工繁殖前必须进行预试验，通过预试验找准效应时间，安排好人工催产计划，使人工繁殖尽量在白天时间进行，同时找准催产激素的用量。预试验就是先催产约20组亲鱼，通过这20组亲鱼的人工繁殖情况找准催产激素用量和效应时间，为规模化生产做好准备。在水温为16～20℃时，性成熟的勃氏雅罗鱼催产后效应时间为 25～30 h。

图 2-78　注射催产激素

（四）人工授精

注射催产激素 24 h 后，每隔 2～3 h 要及时检查亲鱼情况，刚到效应时间的雌鱼，用手轻压腹部有卵粒流出，呈浅黄色，富有弹性且透明；雄性亲鱼挤压腹部有白色精液流出，此时要马上进行人工授精（图 2-79）。一般情况下，10 尾雌鱼的卵加入 2～3 尾雄性鱼的精液，人工授精方法与家鱼相似，将卵挤于洁净干燥的盆中，迅速将精液混合，混合均匀后，加入少量生理盐水（需要调配好的生理盐水）并用手搅拌混匀，受精率可达 70% 以上。

图 2-79　勃氏雅罗鱼挤卵（左）和授精（右）

（五）人工孵化

从目前来看，勃氏雅罗鱼受精卵孵化的方法有两种：微流水充气孵化和孵化桶孵化。微流水充气孵化需要将受精卵黏附在鱼巢上，即受精卵用羽毛均匀地撒在水槽中的鱼巢上，使鱼巢正、反两面黏附上鱼卵（图 2-80），然后将挂卵的鱼巢置于 40 目网箱内微流水孵化（图 2-81），每平方米放受精卵 10 万~15 万粒，鱼苗平游后，在网箱中培育。孵化桶孵化前需把受精卵脱去黏性，目前脱黏方法有两种：第一种是泥浆法，把黄土用 60 目网布过筛，每千克黄土加 3~6 kg 水兑成泥浆，把受精卵放入泥浆中搅拌大约 5 min，就可脱去黏性，再把鱼卵洗干净放入孵化桶中孵化；第二种是用滑石粉脱黏，这种方法是目前勃氏雅罗鱼人工繁殖普遍采用的方法，即 1 kg 滑石粉兑 1 kg 水后搅拌，把受精卵放入其中脱黏，脱黏 20~30 min 即可（图 2-82），用清水把卵洗净后放入孵化桶中孵化。孵化桶孵化时，每立方米水放受精卵 80 万粒左右。受精卵孵化的时间与水温有关，在适宜的温度（18~20 ℃）下，孵化时间为 96~120 h，即 4~5 d，破膜 3~4 d 后鱼苗平游（图 2-83）。

图 2-80　勃氏雅罗鱼受精卵挂巢

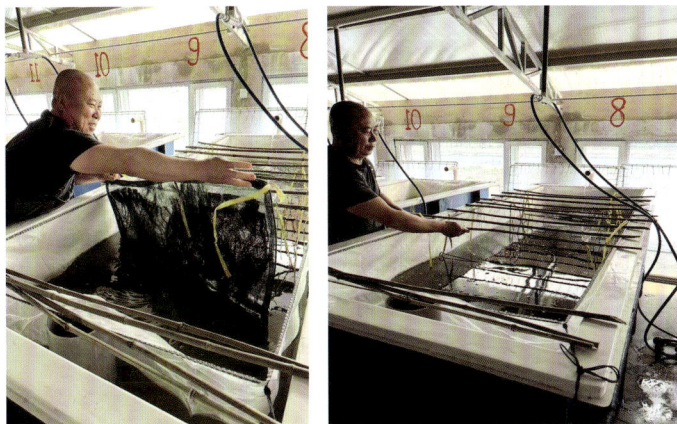

图 2-81　勃氏雅罗鱼受精卵挂巢后网箱孵化

图 2-82　勃氏雅罗鱼受精卵泥浆脱黏（左）和滑石粉脱黏（右）

【实例】

2022 年 5 月 18 日 10：30—12：00，催产勃氏雅罗鱼亲鱼 900 组，剂量为 20 μg LHRH－A2＋10 mg DOM＋1000 IU HCG，水温 18 ℃。2022 年 5 月 19 日，根据催产后亲鱼情况，于 13：30—18：10 为勃氏雅罗鱼人工授精，催产率为 50%～60%，采用挂巢

图 2-83 勃氏雅罗鱼 3~4 日龄仔鱼

微流静水孵化方式，水温 18.8 ℃，溶解氧质量浓度为 8.86 mg/L，效应时间 27 h。2022 年 5 月 24 日，受精卵全部破膜（图 2-84），孵化时间 5 d，其间水温 18~20 ℃，5 月 27 日即破膜 3 d 后水花鱼苗平游。

图 2-84 勃氏雅罗鱼初孵仔鱼

（六）水花鱼苗的出售

在鱼苗破膜平游 3~4 d 后，就可以出售水花鱼苗。鱼苗的出售同鲤鱼和其他家鱼的方法一样，采用体积法，即先查出单位体积鱼苗的数量，再量出出售鱼苗量具的体积，就可以算出每个鱼苗量具鱼苗的数量。勃氏雅罗鱼水花鱼苗同鲤鱼水花鱼苗大小差不多，每毫升水花鱼苗 270～300 尾。与常规淡水鱼出苗流程一致，首先将水花鱼苗富集在网箱内，鱼苗沥去一定水后用烧杯计数装袋（图 2-85）。装苗的水花袋要求 1/3 体积装水，2/3 体积用于打氧和扎口。水花鱼苗装袋后打入氧气、扎口，经汽运或空运销售给用户（图 2-86）。

图 2-85 勃氏雅罗鱼水花收集（左）和计数装袋（右）

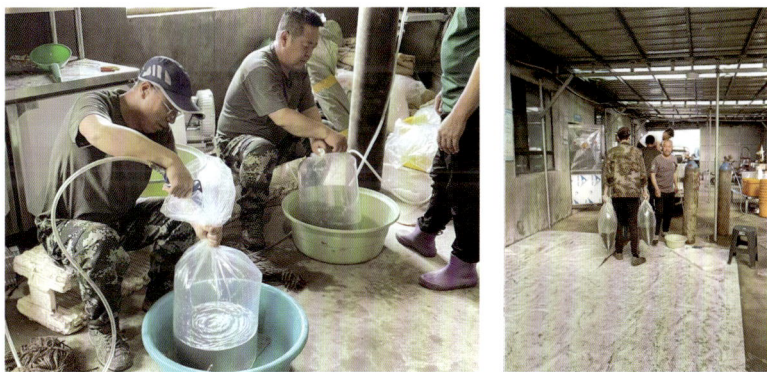

图 2-86 勃氏雅罗鱼水花鱼苗袋打氧、扎口（左）及装车（右）

三、勃氏雅罗鱼人工养殖技术

（一）夏花培育

1. 池塘准备

土池培育的池塘面积不宜过大，以 667 ~ 3335 m² （1 ~ 5 亩）为宜，每亩放 10 万 ~ 15 万尾水花鱼苗。鱼苗下塘前须对池塘进行杀塘、注水和肥水处理，具体办法参见本书拉氏鲹章节。

2. 水花下塘

水花鱼苗下塘时，控制运输带内水温与池塘水温温差小于 2 ℃，放苗时间最好选择晴天的 8—9 时，高温、大雨和降温天气不宜放苗，如遇大风天气，一定要在池塘上风口放苗。此外，水花鱼苗入池前，一定要测定池水的氨氮和亚硝酸盐含量，保证池水氨氮质量浓度小于 0.2 mg/L、亚硝酸盐质量浓度小于 0.02 mg/L，如果氨氮质量浓度高出 0.2 mg/L、亚硝酸盐质量浓度高出 0.02 mg/L，应马上采取加水、换水等措施，以降低氨氮和亚硝酸盐的质量浓度，从而保证鱼苗培育的成活率。

3. 日常管理

鱼苗培育过程中，要定期监测浮游动物量和氨氮、亚硝酸盐氮指标。浮游动物量不足时，需采取肥水或配套池塘导入措施；氨氮、亚硝酸盐氮超标时，需采取换水、加水等措施。鱼苗长到 2 cm 左右时，天然饵料枝角类、桡足类已经不能满足鱼苗的生长需求，此时需投喂高蛋白粉料（粗蛋白质含量不低于 35%）。经过 20 ~ 30 d 的培育，鱼苗可长到 3 ~ 5 cm，成活率一般在 50% ~ 70%，这时就可以出售夏花鱼苗。夏花鱼苗出售前，需进行拉网锻炼，具体办法参见本书拉氏鲹章节。勃氏雅罗鱼水花鱼苗经土塘培育，产量一般为 5 万 ~ 10 万尾/亩。

4. 夏花出售

当鱼苗培育到 3~4 cm 时就可出售。出售夏花鱼苗同鲤鱼和其他家鱼的方法一样，采用重量法计数，具体操作参见本书拉氏鲅章节。北方地区出售夏花鱼苗的时间一般在 6 月中下旬。一个 90 cm×45 cm 的尼龙袋可装 3~5 cm 鱼苗 1000~3000 尾，若短途运输可装 3000 尾，若长途运输装 1000~1500 尾。短途运输用编织袋封装，长途运输用泡沫箱封装，并在箱内放上预冻成块的矿泉水（带瓶）或生物冰袋。运输时间达到 20 h 以上，运输途中要注意水温和气温的变化，经常检查，中途可以换水和氧 1 次，防止鱼苗死亡。

（二）鱼种培育

1. 池塘准备

鱼种培育的池塘面积一般在 3335~6670 m² （5~10 亩），放苗前要进行清塘、注水肥水，使鱼苗下塘后有丰富的天然饵料。

2. 夏花下塘

夏花鱼苗的质量要求为游泳活泼、体质健壮，无伤、无病、无畸形，规格整齐，放养密度 1 万~2 万尾/亩，放养花白鲢作为搭配品种。外购鱼苗入池前，要严格进行检疫和药物消毒。

3. 日常管理

放苗后 3~5 d，开始驯化投喂人工配合饲料，驯化 7~10 d，鱼苗即可上浮集群抢食。根据天气情况、水质情况、鱼的吃食情况来确定投饵量，一般投饵量为鱼体重的 2%~3%，由于目前没有勃氏雅罗鱼的专用饲料，投喂鲤鱼苗种料即可，饲料蛋白质含量在 32%~35%。培育期间，定期施用生石灰、微生态制剂调节水质，每隔 20 d 用生石灰和聚维酮碘消毒水体，以减少池水中的致病细菌。定期投喂药饵，以防鱼体出现肠炎，按每千克体重每日在饲料添加 5 g 大蒜头或 0.47 g 大蒜素，连用 3 d，同时加入适量食盐。高温季节减少投喂量，提高水位，防止池水过肥，并适当增加增氧机的开机时间，以防止浮头。勃氏雅罗鱼养殖过程中很少发生病害，但在幼苗阶段发现勃氏雅罗鱼有指环虫病，用 90% 晶体敌百虫（0.2~0.4 g/m³）全池遍洒，用药时及时开增氧机以防缺氧。一般高密度养殖情况下，经过 5 个多月的饲养，亩产可达 500~750 kg，规格 20~30 g，成活率 70%~80%。

【实例】

（1）培育池塘。试验在辽宁省淡水水产科学研究院试验基地 2# 池塘进行，池塘规格如下：面积 0.27 hm²，池深 2.5 m，东西走向，底质平坦，淤泥厚度低于 20 cm。水源为深井水，水质清新，无污染，符合国家养殖用水标准，试验池塘配备 2 台 3.0 kW 增氧机，注排水方便（图 2-87）。

图 2-87　鱼种培育池塘

（2）放养前的准备工作。放鱼前排干池水，用漂白粉清塘，用量为 8 千克/亩左右，兑水全池泼洒，彻底清塘，以杀死敌害生物和致病菌；清塘 3 d 后加水 80~100 cm，进行苗种放养。

（3）苗种放养。2022 年 6 月 20 日，将自己培育的夏花鱼苗放入试验池中，投放的苗种规格整齐均匀、无病无伤。总计投放规格平均为体长 3.0 cm、体重 1.2 g 的夏花鱼苗 2 万尾，放养密度为 7.5 万尾/公顷，入池前用 5% 食盐水浸泡 10 min，进行鱼体消毒。同时，按每亩水面套养白鲢夏花鱼苗 1000 尾、花鲢夏花鱼苗 300 尾。

4. 饲养管理

（1）饵料投喂。鱼苗放养后，经过 3 d 缓苗，进行投饵驯化，驯化 5 d 鱼苗可集中上浮抢食（图 2-88）。前期每天投饵 2 次，上、下午各 1 次，当鱼苗集中上浮抢食时，每天改为投饵 4 次，上、下午各 2 次，投饵量为鱼体重的 2%～3%。根据鱼类吃食的情况随时调整投饵数量，并根据鱼类的大小随时调整饵料的规格，保证鱼类的适口性和营养成分的供给，促进快速生长。养殖期间，严格按照"四定"投饵原则进行投喂，投饵量以保证鱼苗吃饱而不剩残饵为佳，还要根据天气变化、水温高低、鱼类活动情况、摄食强度和残饵多少来灵活调整投饵量，确保投喂饲料的利用率和转化率，降低饵料系数，减少残饵败坏水质。目前，市场上还没有专用的勃氏雅罗鱼饲料，全部用鲤鱼饲料投喂，饲料蛋白质含量要求 32%～35%。

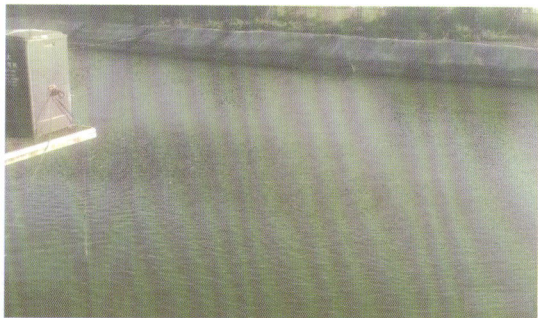

图 2-88　鱼苗摄食颗粒饲料

（2）水质调节。勃氏雅罗鱼喜低温、清新水质，因此在饲养期间，要勤换水和补水。前期保持水深 1.5 m 左右，7—8 月每隔 7~8 d 注 1 次新水，保持池塘水深 2.0~2.5 m；高温季节，水质过肥时需采取换水措施，用井水降低水体肥度以保持水质清新、溶解氧充足。养殖期间，要定期施用生石灰改善水质，具体方法参见勃氏雅罗鱼鱼种培育章节。

5. 日常管理

一是坚持每天早、中、晚各巡塘 1 次，注意鱼类的摄食和活动情况，检查鱼类有无浮头情况和增氧机是否正常运转，同时观察池塘的水质变化情况，定期测定水质的理化状况（如水温、溶解氧、pH 值、氨氮和亚硝酸盐等指标），根据测定的结果，及时采取措施，保证鱼类有一个良好的生存环境，同时记好天气、水温和饲料等实验记录，保证资料完整。二是做好全年饲料测算工作。三是做好池塘清洁和定期消毒工作，除去池塘杂草并进行饲料台定期清洁和消毒工作。四是定期排除老水、加注新水，保持池水"嫩、活、爽"。五是科学使用增氧机，坚持"三开两不开"，三开即晴天中午开增氧机 2 h、阴天后半夜必须开增氧机、池塘水体缺氧必须开增氧机，两不开即傍晚不开增氧机、阴雨天中午不开增氧机。六是注意鱼类防逃和防盗。

6. 生长测定

对鱼苗的生长情况定期进行测定，主要测定体长和体重，试验期间共测定 5 次，测定结果见表 2-11。

表 2-11   生长测定结果

时间	平均体长/cm	平均体重/g
6 月 20 日	3.0	1.2
7 月 20 日	5.3	4.5

表2-11(续)

时间	平均体长/cm	平均体重/g
8月20日	7.5	11.4
9月20日	9.8	15.6
10月20日	11.1	21.5

7. 结果

（1）养殖产量。从6月20日放苗到10月10日停食，试验共进行113 d，出塘结果：产出勃氏雅罗鱼秋片鱼种380.98 kg，17720尾，成活率88.6%，单位面积产量为89.245千克/亩；鱼种规格平均体长11.1 cm、体重21.5 g；总计投饵650 kg，饵料系数1.82；产出规格为60 g的白鲢秋片鱼种240 kg、规格为100 g的花鲢秋片鱼种135 kg。

（2）养殖效益。勃氏雅罗鱼鱼种市场价格60元/千克，收入22858.8元；白鲢鱼种3元/千克，收入720元；花鲢鱼种9元/千克，收入1215元；总计收入24793.8元。成本支出：夏花鱼苗费1600.00元、饲料费3575.00元、鱼药水电和人工费8000.00元，总计13175.00元。总盈利11618.8元，平均每亩盈利2904.7元，投入产出比为1∶1.88。

（三）成鱼养殖

1. 池塘条件

主养勃氏雅罗鱼的池塘面积以3335~6670 m²（5~10亩）为宜，池底平坦不漏水，底泥厚度最好不超过20 cm，最好是新推的或清完底泥的池塘，水深能保持2.5~3.0 m，注排水方便。水源必须充足，没有污染，河水与井水均可（图2-89）。增氧机、投饵机设备齐全，其中增氧机按每2000 m²（3亩）池塘配备3.0 kW增氧机1台。

图 2-89　勃氏雅罗鱼成鱼养殖池塘

2. 鱼种放养

鱼种放养前 10 d 必须彻底清塘，方法与其他养殖鱼类相同，采用干法清塘消毒：每亩用生石灰 75~100 kg 或漂白粉 6~10 kg。鱼种放养前要用食盐等消炎类药物进行消毒。放养时间一般在 4 月中上旬，放养密度在 5000~20000 尾/亩。

3. 养殖管理

同勃氏雅罗鱼鱼种。

4. 养殖结果

从 4 月放苗到 10 月下旬停食，经过近 6 个月的饲养，在正常情况下，亩产商品勃氏雅罗鱼 500~750 kg，规格 150~250 g，成活率 90% 以上。

【实例】

（1）苗种放养。2023 年 4 月 25 日，在辽宁省淡水水产科学研究院试验基地的 8# 池塘［面积 2334.5 m²（3.5 亩）］放养勃氏雅罗鱼苗种 377.5 kg（17900 尾），鱼种平均体重 21 g、平均体长 11.04 cm，密度 5114 尾/亩，搭配 50 尾规格为 400 g 的鲢鱼种、32 尾规格为 510 g 的鳙鱼种和 95 尾规格为 100 g 的小鳙鱼种。放苗时均用 3% 的氯化钠液浸洗鱼体 5 min，进行消毒，以预防鱼病发生。

（2）饲料及其投喂。本试验采用鲤鱼配合饲料、投饵机定点投喂，每天投喂 4 次，保证让鱼吃饱且不剩残饵为佳（图 2-90）。试验期间，每半个月投喂药饵 1 次（每 50 kg 饲料加 1 袋鱼壮壮），每次投喂 100 kg 加药饲料，防止肠炎的发生。

图 2-90　鱼种摄食

（3）水质调节。参见勃氏雅罗鱼鱼种培育章节。

（4）养殖管理。养殖期间，要经常巡塘观察鱼的活动情况，可随时发现养殖生产中存在的问题和隐患，以便及时排除。每天早、中、晚必须巡塘 3 次：黎明前观察鱼类有无浮头现象、浮头的程度如何；白天随时检查鱼类活动情况、吃食情况和水色变化等；傍晚检查有无残剩饵料、有无浮头征兆，还要检查注排水口和堤坝的安全情况，有无病鱼、死鱼等，若发现问题应及时采取相应措施，加以解决。高温季节，鱼类易发生浮头死亡，应在半夜前后巡塘，防止泛塘发生。定期检查鱼类生长情况，每 15~20 d

测定 1 次，依此确定投饵的规格和投饵量。根据水质状况，定期注入新水；定期泼洒鱼药，特别是通过生态制剂调节水质，减少注水量和用药量，以防止鱼病的发生。另外，平时要做好水温、透明度、日投饵量及死鱼等情况的记录。

（5）养殖产量。从 4 月 25 日放苗到 10 月 31 日出池结束，经过 190 d 的养殖，池塘共产出勃氏雅罗鱼商品鱼 2644.3 kg，平均亩产商品鱼 755.5 kg，成活率 97.4%，规格平均体重 151.67 g，平均体长 21.0 cm，共计投喂饲料 4650 kg，饵料系数为 1.76，产出花鲢 207 kg、白鲢 60 kg。

（6）养殖效益。本试验商品鱼销售价格为：勃氏雅罗鱼 40 元/千克，收入 105772.00 元；花鲢 12 元/千克，收入 2484.00 元；白鲢 6 元/千克，收入 360.00 元。总收入 108616.00 元，每亩收入 31033.00 元。扣除鱼种款 22650.00 元，饲料费 27900.00 元，运杂费、人工费、水电费、鱼药费等 8000.00 元，总计投入费用 58550.00 元，总盈利 47222.00 元，每亩盈利 13492.00 元。投入产出比为 1∶1.86。

四、病害防治

在鱼病防治上坚持以预防为主、药物治疗为辅的方针，尽量少用或不用药。勃氏雅罗鱼是一种抗病力很强的品种，在天然和人工养殖条件下不易染病，目前在养殖过程中没有发现勃氏雅罗鱼因发生鱼病而大量死亡的现象。但在高密度集约化养殖过程中，稍不注意投喂了腐败的饵料或投饵过剩引起水质败坏，如果防治不力，会经常造成危害。另外，鱼类是变温动物，体温随外界环境条件的变化而改变，水温的急剧升降，会影响鱼的抵抗力，导致各种疾病的发生。鱼类在不同的发育阶段，对水温也有不同的要求，鱼苗下塘，水的温差一般不超过 2 ℃，鱼种的温差不超过4 ℃，温差过大会引起鱼类大量死亡。同时，勃氏雅罗鱼是一种近年才开始人工养殖的新品种，对很多渔业常用药物的敏感程度和毒性试验还没有具体的试验结果，因此在养殖过程中用药要相对谨慎，通过定期交换水来保持养殖水质的清新，能够防止病害的发生。

五、主养池塘越冬技术

参见本书拉氏鲅和瓦氏雅罗鱼相关章节。

🍀 第五节　哲罗鲑苗种繁育及池塘高效养殖技术

哲罗鲑（*Hucho taimen*）（图2-91）属鲑形目（Salmoniformes），鲑科（Salmonidae），哲罗鱼属（*Hucho*），是鲑科鱼类中个体最大、生长速度最快的种类，属于我国珍稀名贵冷水性鱼类。其肉质细嫩、味道鲜美，重达数十斤，属大型冷水性经济鱼类，是人们餐桌上的佳品，具有极高的经济价值。哲罗鲑栖息在清澈的水域环境中，主要分布在俄罗斯、蒙古国、朝鲜、我国的东北和西北地区。哲罗鲑是北方山区鱼类复合体的代表种类，在水域生态系统中位于食物链的顶端，堪称"水中的东北虎"，具有重要的生态价值和科研价值。

图2-91　哲罗鲑

由于几十年来自然环境的恶化、捕捞强度的增大，哲罗鲑资源遭到了严重的破坏，加之哲罗鲑个体大、性成熟晚、个体产卵量小的生物学特性，其群体的恢复能力较差，导致群体数量急剧下降，分布区域迅速缩小。哲罗鲑的资源日趋下降，同时由于哲罗鲑具有极高的经济价值，为了保护和开发这一名贵冷水性鱼类，国内外学者在哲罗鲑人工繁殖和驯化养殖上做了很多研究，为哲罗鲑人工繁育及规模化养殖技术的建立提供了技术支撑。

一、哲罗鲑生物学特性

哲罗鲑背部苍青色，体侧淡紫褐色，腹部白色。小个体有时体侧有8~9条暗色横斑带，头部及体侧散点有暗色小斑点。繁殖期出现婚姻色，雄性尤为明显，腹部、腹鳍和尾鳍呈橙红色。

哲罗鲑为山溪冷水性鱼类，栖息水温上限不超过 18 ℃；为凶猛肉食性鱼类，一年四季均摄食，在早晨和黄昏时摄食活跃，仅在夏季水温升高时或产卵期摄食强度变弱。一般成熟年龄为 5 龄及以上，春天产卵，产卵水温在 5~10 ℃。

二、人工繁殖技术

（一）亲鱼培育

1. 亲鱼池的选择

哲罗鲑养殖场一般处于交通便利、环境安静的地方，亲鱼池选择长方形的水泥池或土池，每个池塘面积约 300 m^2，靠近产卵池，水源充足、水质清晰。

2. 水深和水质

亲鱼培育必须在流水的环境中进行，水源应为涌泉水，水深常年保持在 1.0~1.2 m，池水的透明度较好，可清楚地看见池底。

3. 放养密度

由于哲罗鲑为凶猛性鱼类，密度过大容易发生追咬现象，因此亲鱼培育要采用稀疏的养殖模式，雌雄比例为 1∶1，放养密度多为 1 尾/（2~3）米^2。

4. 饵料投喂

在养殖过程中，可投喂鲜活适口的小鱼或种鱼饲料，每天早、晚各投喂 1 次，投喂量为鱼体重的 3%~5%。

（二）亲鱼催产

1. 亲鱼的雌雄鉴别

哲罗鲑亲鱼应选择体形、体色正常，体表光滑有黏液，体质健壮，无伤残、畸形和疾病的个体。雌鱼 6 龄以上，体重 6 kg 以上；雄鱼 5 龄以上，体重 5 kg 以上。

成熟雌鱼腹部膨大且较柔软，生殖孔外突且微红，尾柄上提时，两侧卵巢下垂轮廓明显，轻压腹部，有卵粒外流。成熟雄鱼生殖孔不向外突，轻压腹部有白色精液流出。成熟雄鱼中，部分个体从腹鳍到尾部的体色变成暗红，出水后不明显。亲鱼雌雄鉴定见图 2-92。

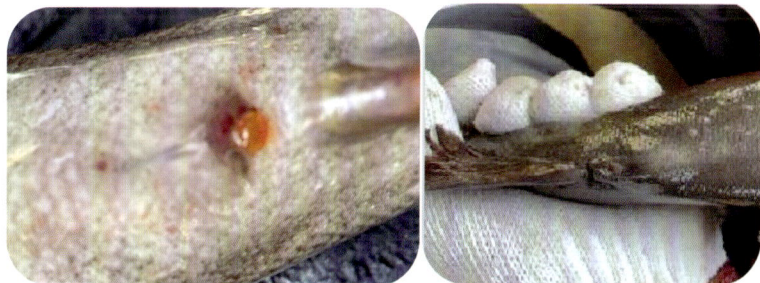

图 2-92　亲鱼雌雄鉴定（左为雌性，右为雄性）

2. 人工催产

（1）催产时间。哲罗鲑为春季繁殖鱼类，在自然水温环境中产卵时间为 5 月，人工养殖场当水温回升至 8 ℃时，即可开始进行人工催产，东北地区的产卵期在 3—4 月。

（2）催产药剂和剂量。哲罗鲑采用催熟和催产两步催产法，催产药物为复方促性腺激素类似物注射液和绒毛膜促性腺激素（HCG）合剂，剂量分别为 0.5 mL/kg 和 1500 IU/kg，雄鱼药剂量减半。

催产药物通常采用背鳍基部肌内注射（图 2-93），适宜注射量为每尾 3~5 mL，两次注射间隔时间为 48 h，第一次注射总剂量的 1/4，第二次注射余量。水温 8~10 ℃，催产药物效应时间为 9~10 d。

图 2-93　亲鱼背鳍注射

（三）人工授精

亲鱼药物催产后，雌雄分池饲养，繁育后同池培育。

1. 精卵采集

催产 1 周后，检查 1~2 次雌亲鱼的排卵情况，确定能挤卵后，将亲鱼放置到倾斜 15°的操作台上，用干毛巾将亲鱼体表水擦干。首先采集 3~4 尾雄鱼精液，轻压雄鱼腹部将精液挤到小烧杯中混合；然后采卵，轻压腹部，使卵流入干燥的器皿中（图 2-94）。

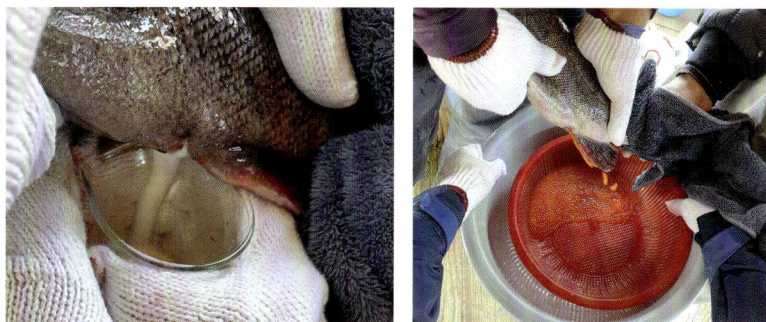

图 2-94　精卵采集

2. 人工授精

人工授精操作过程中，须在避光条件下取卵。每盆收集 1 尾鱼卵，用等调液清洗干净（图 2-95）后加入 2 mL 精液（图 2-96），再加入适量清水先搅拌 1~2 min，后静止 2~3 min；将受精卵用清水漂洗 10~20 遍，去除精液和杂质，然后放置 60 min，待受精卵充分吸水膨胀，最后移入孵化器中孵化。

3. 受精率统计

人工授精后第十日，孵化累计温度约 90 ℃·d 时检查受精率。检查方法是用培养皿随机捞起 100 粒左右的卵，去水后用食用醋精原液浸没 3~5 min 后，肉眼见到有白色线状胚胎的卵，即已受精卵，否则为未受精卵，从而计算出受精率。

图 2-95　清洗鱼卵

图 2-96　卵盆中加入精液

（四）孵化管理

目前，广泛采用孵化桶（图 2-97）和孵化柜（图 2-98）进行孵化。孵化桶高 27 cm，上口内径 27.5 cm，中部竖一内径为 3.2 cm、高 29 cm 的塑料管，塑料管套于有许多直径为 3 mm 圆眼的塑料板中央。多孔的塑料板直径 22 cm、厚度 3 mm，固定在离底部 5 cm 处。孵化桶中，每桶放卵 2 万~3 万粒。

图 2-97　水桶式孵化器（孵化桶）

图 2-98　立体式孵化柜

孵化柜，单层孵化槽尺寸为 630 mm×530 mm×60 mm，一组 8 层。水流由上层进入，进入单层孵化槽底后，由网面处流出，通过两侧流入下层孵化槽。立体式孵化柜中每层可平铺卵 1 万～2 万粒。

选取源头清澈的流水孵化，水流量控制在 100～150 mL/s，或每分钟交换 1～3 次，水温在 7～10 ℃，溶解氧质量浓度在 7 mg/L 以上，孵化期间受精卵过水时保持安静状态，并严格采用避光措施。

拣卵是孵化管理中重要的一环。它是用竹夹将死卵、未受精卵和畸形卵从孵化桶或孵化柜中拣出（图 2-99），防止其对正常发育卵造成污染或滋生水霉。死卵因蛋白质变性后变为白色，容易辨认并拣出。

图 2-99　人工拣死卵

（五）发眼卵管理

发眼卵的孵化条件与管理积温不少于 160 ℃·d，完全发眼（图 2-100）后，应及时移入平列槽或自制小网箱孵化。发眼后 1 周左右开始出现破膜。当鱼卵开始出现破膜时，要及时清理卵皮和死苗，经常刷洗槽孔或网箱，保持水流畅通。

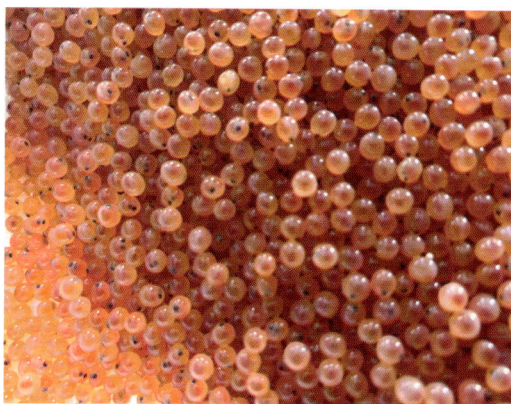

图 2-100　发眼卵

三、苗种培育

苗种培育的水质要澄清透明，色度一般小于 30 度，悬浮物小于 15 mg/L，pH 值在 7.0~8.5，溶解氧质量浓度要高于 6.5 mg/L。

当仔鱼卵黄囊吸收到 2/3~3/4 时，鱼苗开始上浮。将仔鱼放入孵化槽（图 2-101）内，水流量 40~50 L/min。鱼苗全部上浮后，进行人工开口驯食，投喂鲑鳟鱼开口饵料，饵料粒径 0.3~0.5 mm，每小时投喂 1 次，每次投喂量为鱼体重的 1%。

在发展后期阶段，幼鱼可转移到水泥池（图 2-102）或圆缸式培育器（图 2-103）中培育。水泥池一般面积为 30~90 m²，池深 40~60 cm，水深 20~40 cm，池宽 1.2~2.5 m，池底坡度以 2：1000~5：1000 为宜。圆缸式培育器直径 2 m，桶深 0.8~1.0 m，水深 0.6~0.8 m，可利用水流在鱼池中旋转将污物集中在中央，便于清除。

图 2-101 孵化槽

图 2-102 水泥池培育

图 2-103 圆缸式培育器

四、池塘鱼种培育

当鱼苗达到 30 g 后,可以转到室外水泥池(图 2-104)养殖,池塘为长方形串联或并联的水泥池或土池,以并联排列为宜。水泥池长宽比为 6:1~8:1,土池长宽比为 4:1~6:1;每个池塘面积为 100~200 m²,池深 0.8~1.0 m,水深 0.6~0.8 m,池底坡度 6:1000~10:1000。进、排水口设置闸门防逃。

图 2-104 室外水泥池

放养密度：30~100 g 阶段，放养密度 30~100 尾/米^3，水泥池水体交换量 10 m^3/h；100~200 g 阶段，放养密度 15~30 尾/米^3，水体交换量 80 m^3/h；300~500 g 阶段，放养密度 10~20 尾/米^3，水体交换量 100 m^3/h；500 g 以上阶段，放养密度保持低于 10 尾/米^3，保持水体交换量 100 m^3/h 以上，随着鱼体规格的增加，逐渐降低养殖密度。

定时投喂，投喂量视水温、天气等环境条件和鱼种生长情况调整：鱼种 30~500 g 时，每日投喂 3 次，投喂量为存塘鱼总重的 1.0%~1.2%；鱼种达到 500 g 以上时，每日投喂 2 次，投喂量为存塘鱼总重的 0.8%~1.1%，每次投喂时间持续 15~20 min。

五、日常管理

（1）每日清理鱼池底部残饵和粪便，清理进、排水拦鱼栅，保持水体正常交换。

（2）早、晚巡池，随时观察鱼的活动和摄食情况，发现异常及时采取措施。

（3）由于哲罗鲑为凶猛性鱼类，如饲喂不饱会出现残食现象。因此，投喂时一般采用饱食投喂的方式，鱼苗期每日投喂 3 次，鱼种期鱼体体重达 300 g 以上时，每日投喂 2 次。

（4）按照鱼体大小及时分池饲养，每次分池结束时对鱼体消毒，鱼种入池前用 3%氯化钠溶液浸泡 3~5 min。

（5）夏季水温超过 22 ℃时，加入低温井水，加大水体交换量，将水温控制在 20 ℃以下为宜。

六、病害防治

哲罗鲑常见鳃肿病，可采用 3%氯化钠（食盐）和碳酸氢钠（小苏打）混合溶液（1:1）浸泡 30 min，连续 3 d，隔天使用 10^{-6}的聚维酮碘全池泼洒，静水消毒 40 min，间隔 4~5 d 后重复 1 次，即可治愈。

第三章 辽宁淡水鱼常见病害的诊断及防治

辽宁省与黄海、渤海相邻，境内有 400 多条河流，水系资源发达，淡水渔业资源丰富，渔业产品的产量在全国排在前列。然而，随着水产养殖种类的增加和养殖规模的不断扩大，养殖环境的恶化或养殖模式的不规范使得一些水产病害频频发生。2023 年由水产病害导致的辽宁淡水渔业损失高达 988 万元（引自《2024 中国渔业统计年鉴》）。辽宁淡水鱼养殖过程中，常见的病害主要有病毒性疾病、细菌性疾病、寄生虫性疾病及真菌性疾病等。以下对鱼病的诊断，以及各病害的病原、流行情况、主要症状和防治方法等方面进行简要的总结，以方便读者对本章内容更好地理解。

第一节 常见鱼病的诊断

一、鱼病的基础调查

鱼病诊断时，先要对鱼的生活环境、鱼体状态等进行详细问询、调查，内容如表 3-1 所列。

表 3-1 鱼病基础调查表

水体环境	水源	
	水色	
	透明度	
	浮游生物	
	底质情况	
水质情况	水温	
	pH 值	
	溶解氧	
	氨氮	
	亚硝酸盐	
	硫化氢	
	硬度	
养殖情况	养殖品种规格	
	养殖密度	
	产地/来源	
	饲料情况	
	换水情况	
	消毒用药情况	
	以往发病及治疗情况	
病鱼发病情况	发病时长	
	病鱼游泳状态	
	摄食情况	
	其他异常情况	

二、鱼病的肉眼检查

一般常见鱼病，可根据以下内容（表3-2）在现场进行肉眼检查、初步诊断。

表3-2　鱼病现场检查项目及内容

项目	内容
体表	鱼体体形瘦弱还是肥硕，腹部是否鼓胀，鱼体是否畸形
	体表颜色、光洁度有无异常；体表有无溃烂；鳞片、鳍条是否完整；体表黏液是否异常；有无虫体寄生，寄生虫种类；等等
鳃	鳃的颜色是否正常，鳃丝是否出现缺损或腐烂，鳃上黏液是否增多，鳃丝镜检有无寄生虫、霉菌、细菌等
鱼肉	有无寄生虫，肌肉是否腐烂、充血，鱼肉紧实度是否异常
内脏	肝、脾、鳔、肾、心脏等器官的颜色、形态是否异常，鳔是否充血，体腔内是否有腹水，等等
消化道	肠壁是否充血，肠内黏液是否异常，有无寄生虫
生殖腺	颜色、形态有无异常

三、显微镜检查

在肉眼观察的基础上，从体表、鳃及其他出现病症的部位，用解剖刀和镊子取少量组织或者黏液，置于载玻片上，加1~2滴清水或生理盐水，盖上盖玻片，稍稍压平，然后放在显微镜下观察。特别应注意，对肉眼观察时有明显病变症状的部位做重点检查。显微镜检查特别有助于对原生动物等微小的寄生虫引起疾病的确诊。

四、实验室检测

很多鱼病除了现场凭肉眼检测、显微镜检查判断外，还需要实验室检测，以进一步确定病原。实验室检测主要包括病鱼肝、肾及其他病变组织的细菌分离、培养、鉴定,病鱼病灶组织的病毒提取、病毒培养、病毒检测和病毒鉴定,病鱼病变组织的病理切片,等等。

五、确诊

通过对鱼体检查的结果,结合疾病发生的基本情况,基本上可以明确疾病发生原因,从而做出准确诊断。对于症状不明显、病情复杂的疾病,需要做更详细的检查,方可做出准确的诊断。可以根据经验使用药物,边治疗,边观察,进行试验性治疗。

✿ 第二节 病毒性疾病的防治

辽宁地区淡水鱼养殖中常见的病毒性疾病主要有草鱼出血病、鲤春病毒血症、鲫造血器官坏死病、鲤疱疹病毒病、鲤浮肿病、传染性造血器官坏死病、传染性胰腺坏死病等,各病的病原、流行情况、主要症状及防治方法如下。

一、草鱼出血病

(一)病原

草鱼出血病的病原为草鱼呼肠孤病毒(grass carp reovirus,GCRV),隶属于呼肠孤病毒科(Reoviridae)的水生呼肠孤病毒属(*Aquareovirus*)。该病毒粒子形态多样,以球形或六边形为主,直径65~72 nm,具有独特的双层衣壳结构,缺乏囊膜,整体构型符合正二十面体对称原则。GCRV 的基因组由 11 个独立的双链 RNA 片段构成,这些遗传片段共同编码了病毒复制周期及感染过程中不可或缺的多种功能蛋白质。GCRV 病毒粒子电镜图见图 3-1。

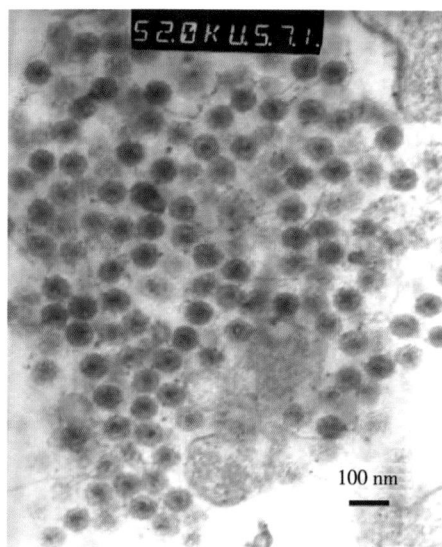

图 3-1　GCRV 病毒粒子电镜图

（二）流行情况

草鱼出血病主要在我国中部及南方各省流行，于每年 5 月下旬至 7 月中旬在水温高于 20 ℃时流行，25～30 ℃为流行高峰。近年来，在辽宁省特别是淡水养殖密集区域（如辽中地区），草鱼出血病呈现广泛流行趋势。该病影响体长 2.5～15.0 cm 的草鱼，特别是 7～10 cm 的当年鱼种，发病后几天内鱼即大量死亡，持续 2～3 周，致死率高达 30%～80%，对养殖业危害极大。

（三）主要症状

草鱼感染 GCRV 后，主要症状为病鱼体表、肌肉、内脏充血、出血（图 3-2），依据病理特征可细分为 3 种类型：红鳍红鳃盖型、红肌肉型（图 3-3）及肠炎型。

（1）红鳍红鳃盖型：病鱼体色暗沉，伴随口腔、颌部、头顶、眼眶周边及鳃盖区域的明显出血点，鳍条基部亦见出血。

图 3-2　发病草鱼鳃充血呈红色，肠道出血严重

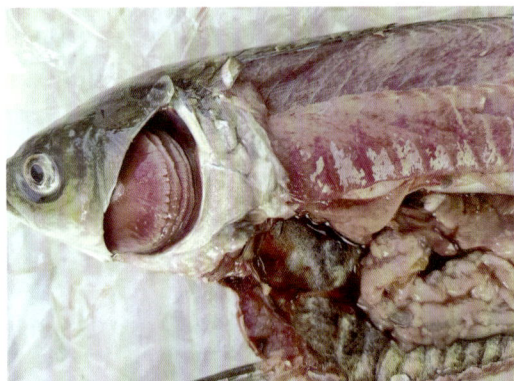

图 3-3　草鱼出血病红肌肉型

（2）红肌肉型：病鱼虽体表出血不明显，但去表皮后可见肌肉内点状或全身性鲜红色出血，伴随鳃色苍白及内脏器官（肝、脾、肾）色泽变淡。

（3）肠炎型：以肠壁充血或出血为主要特征，肠道整体或部分呈现鲜红色，肠壁弹性保持良好，但肠道内容物减少，黏液分泌减少。此外，病鱼还可能伴随体表发黑、眼球突出、口腔及鳍基部充血等辅助症状。

（四）防治方法

目前，针对草鱼出血病尚无特效的治疗药物，主要进行预防

和控制病情发展。

（1）使用生石灰彻底清塘。

（2）将大黄粉（每 100 kg 鱼体每日投喂 0.5~1.0 kg）混入饵料中连续投喂 3~5 d，作为一个疗程，以发挥其抗病毒及免疫调节作用。

（3）利用含氯石灰（如漂白粉，每立方米水体投放 1.0~1.5 g）或高效氯制剂（如 20% 二氯异氰脲酸钠 0.3~0.6 g、30% 三氯异氰脲酸粉 0.2~0.5 g），于疾病流行季节每 15 d 全池泼洒 1 次，以维持水质清洁与安全。

（4）使用 2%~3% 高渗盐水预浸浴 2~3 min，随后转至含特定浓度疫苗液中浸浴 5~10 min，通过物理与生物双重手段强化鱼体免疫防御机能。

（5）投喂天然植物抗病毒药物，如大黄、板蓝根、黄芪、穿心莲等，经热水提取后混合食盐及麦麸或玉米粉制成药饵，分次投喂，并辅以药渣再熬制，以促进鱼体康复与免疫力提升。

（6）全池泼洒碘制剂等进行水体消毒，降低其他病原微生物的继发感染风险。

（7）发现病情，减少或暂停饵料投喂。及时捞出病鱼，进行集中消毒、深埋或焚烧等无害化处理，防止继续感染。

二、鲤春病毒血症

（一）病原

鲤春病毒血症（spring viremia of carp，SVC）是一种由鲤弹状病毒（spring viremia of carp virus，SVCV）（图 3-4）引发的急性、高度传染性病毒性疾病，主要侵害鲤科鱼类，尤其是经济价值显著的鲤鱼、锦鲤及鲫鱼等。SVCV 隶属于弹状病毒科（Rhabdoviridae），水泡性病毒属（*Vesiculorius*），其病毒粒子形态独特，呈典型的子弹状，直径范围为 70 ~ 150 nm，遗传物质为单链 RNA，这一特征使其成为水生病毒学研究的重点对象之一。

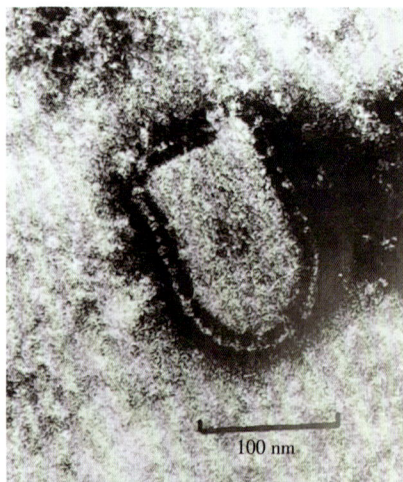

图 3-4 SVCV 负染电镜照片

（二）流行情况

SVCV 在辽宁省的淡水养殖业中广泛流行，尤其是对以鲤鱼、锦鲤、鲫鱼为代表的重要经济鱼类构成重大威胁。该疫情传播不受明显地域限制，但高密度养殖区域（如沈阳、辽阳、营口、丹东等地鱼池）由于养殖环境复杂、管理难度大，更易成为疾病暴发的热点地区。SVCV 的流行特点鲜明，主要集中在春季。当水温处于 12~18 ℃时，发病率会急剧增加，尤其在水温接近 17 ℃时达到高峰。一旦水温超过 20 ℃，发病率开始下降，而水温超过 22 ℃后，该病基本不再发生。年幼的鲤鱼，特别是 1 龄以下的，最易受到感染，其死亡率可高达 50% ~ 70%。相比之下，成年鲤鱼虽然会感染并表现出症状，但是死亡率相对较低。

（三）主要症状

鲤春病毒血症的临床表现以全身性出血、腹水为主要特征，病程短促，致死率高。初期病鱼体色暗沉，游动失衡，常聚集于水域边缘或出水口处。随着病情恶化，眼球外突、肛门红肿、体表广泛充血和出血（图3-5）及腹部膨胀等典型症状相继出现，腹腔内充满血性腹水。解剖检查可发现肝、肾等内脏器官肿大并伴有出血现象（图3-6和图3-7），部分鱼鳔亦见明显出血。此外，鳍基充血、泄殖孔异常及黏液性粪便排出等症状亦常见。

图3-5　患SVCV鲤鱼，鱼体表出血严重

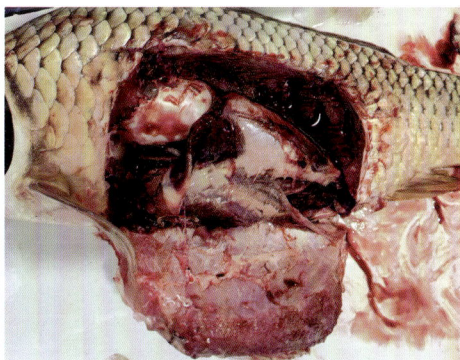

图3-6　患SVCV鲤鱼，肝、肾等内脏器官出血严重

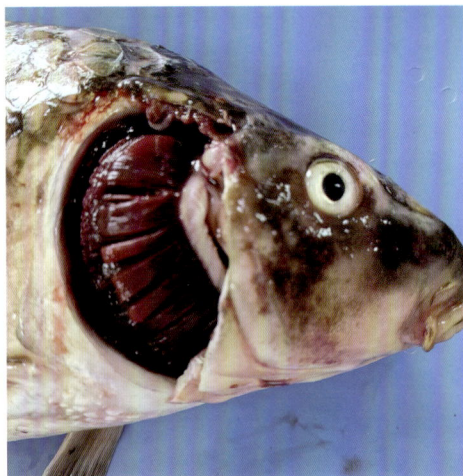

图 3-7 患 SVCV 鲤鱼，鳃出血严重

（四）防治方法

目前，针对 SVCV 尚无特效的治疗药物，主要进行预防和控制病情发展。

（1）使用生石灰彻底清塘。

（2）合理设置养殖密度。

（3）多点设置增氧设备，定期监测水质，避免水质恶化。

（4）利用聚维酮碘（有效碘含量为 1.0%）进行全池泼洒，维持水体中有效浓度约 0.5 mg/L，隔日操作 1 次，连续泼洒 10~15 d 为一个疗程。

（5）每千克体重配制含大黄、黄芩、黄柏、板蓝根各 4 g 及食盐 3.5 g 的中草药复方，粉碎后拌入饲料，每日分 2 次投喂，连续 7~10 d，利用中草药的多重药理作用，促进鱼体康复与免疫力提升。

（6）有条件时，将水温升高到 20 ℃以上，可有效预防该病。

三、鲫造血器官坏死病

（一）病原

鲫造血器官坏死病（hematopoietic necrosis of carp，HNC）是一种由鲤疱疹病毒Ⅱ型（CyHV-2）（图3-8）引起的严重病毒性传染病。CyHV-2隶属于疱疹病毒目（Herpesvirales）、鱼疱疹病毒科（Alloherpesviridae）、鲤疱疹病毒属（Cyprinivirus），是继鲤疱疹病毒Ⅰ型（CyHV-1）后从鲤科鱼类中分离得到的第二个疱疹病毒。CyHV-2是一种双链DNA病毒，其病毒粒子形态为有囊膜的椭圆形，直径为170~220 nm。该病毒衣壳呈六角形或球形，直径为115~117 nm，内部包含DNA内核，最外层覆盖有糖蛋白刺突。

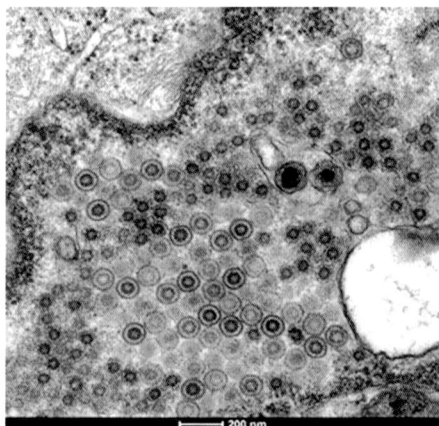

图3-8　透射电镜下GiCF细胞内的CyHV-2颗粒

（二）流行情况

鲫造血器官坏死病主要危害鲫鱼。该病毒在10~33 ℃均有活动能力，但22~27 ℃为其最活跃且危险性最高的阶段，尤其在辽宁省春秋两季，对鲫鱼及其杂交品种的养殖区域（如沈阳、辽阳、营口等地鱼池）构成严重威胁。根据流行病学调查结果，鲫鱼造血器官坏死病主要在每年的 4 月至 6 月和 8 月至 11 月初流行，其中在每年的 5 月和 10 月分别出现两个流行高峰期。

（三）主要症状

鲫造血器官坏死病的主要病理症状体现在鱼体的多个组织和器官上，尤以造血器官、免疫系统和循环系统受损最为严重。患病鱼体色发黑，体表出现广泛性充血或出血，尤以鳃盖、下颌、前胸和腹部最为明显（图 3-9 和图 3-10）。病鱼鳃丝肿胀，濒死时鳃血管易破裂出血，解剖后可见淡黄色或红色腹水，肝、脾、肾等器官肿大、充血（图 3-11），鳔壁出现点状或斑块状充血。

图 3-9　患病鲫鱼体表发黑，鳃出血严重

图 3-10　患病鲫鱼体表出血

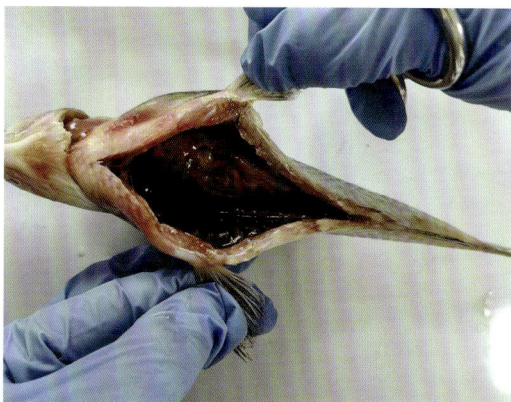

图 3-11　患病鲫鱼体内有红色腹水，肝、脾、肾等器官充血糜烂

（四）防治方法

目前，针对鲫造血器官坏死病尚无特效的治疗药物，主要进行预防和控制病情发展。

（1）运用碘制剂（如聚维酮碘、季铵盐络合碘等），以每立方米水体 0.3~0.5 mL 的浓度，进行连续 2~3 次的泼洒消毒，间隔时间为 1 d，以有效杀灭水体中的病原体。

（2）将黄芪、大青叶、板蓝根等具有抗病毒功效的中药材超微粉碎后，按照每千克鱼体重用 0.5~1.0 g 的比例拌入饵料中，于发病季节前进行预防性投喂；疾病发生时，则作为治疗手段连续投喂 4~6 d。

（3）在饲料中适量添加免疫多糖、酵母多糖等，以提高鱼体免疫力。

四、鲤疱疹病毒病

(一) 病原

鲤疱疹病毒病 (koi herpesvirus disease, KHVD), 又称锦鲤疱疹病毒病, 是一种由锦鲤疱疹病毒 (koi herpesvirus, KHV) 引起的严重传染性疾病。KHV (图 3-12) 属于疱疹病毒科 (Herpesviridae), 鲤疱疹病毒属, 也被称为鲤疱疹病毒Ⅲ型 (CyHV-3)。该病毒具有双链 DNA 基因组, 大小约为 295 kb, 是鱼类疱疹病毒属中基因组最大的病毒之一。KHV 病毒粒子呈二十面体结构, 直径为 10~110 nm, 外层包裹有囊膜, 这使得其能够在水生环境中稳定存在并传播。

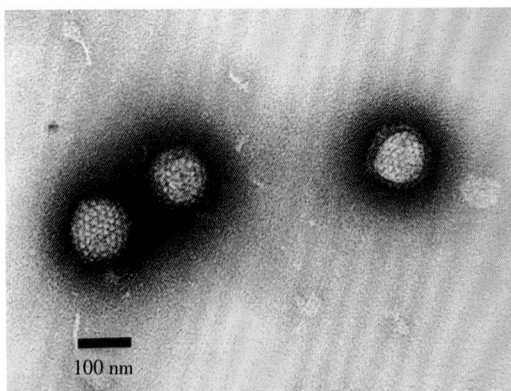

100 nm

图 3-12　KHV 电镜图片

(二) 流行情况

在辽宁省内, 鲤疱疹病毒病主要流行于沈阳、辽阳、营口等地区的池塘养殖区。该病毒易感染鲤鱼、锦鲤及其变种。此病春秋两季高发, 尤其在水温为 20~23 ℃时。当温度低于 13 ℃或高于 30 ℃时, 病毒不活跃, 且超过 30 ℃无法增殖。幼鱼和无鳞鱼较成鱼和有鳞鱼更易受感染, 染病后, 鱼游动缓慢, 鳍条充血,

1~2 d即现大批死亡，死亡率可超80%。

（三）主要症状

鲤疱疹病毒病对锦鲤及鲤鱼具有高度的致病性和致死性，其临床症状多样且显著。病鱼初期可能表现出反应迟钝、食欲不振、呼吸困难及共济失调等症状。随着病情发展，病鱼鳃丝腐烂，眼部凹陷，皮肤出现灰白色斑点，并伴随黏液分泌增多（图3-13和图3-14）。病鱼体表常出现出血点和白斑，鳞片松动甚至脱落，肛门红肿，肠道充血发红且硬挺。肾脏肿大且颜色发红，脾脏有出血点，肝、胰脏肿大并呈灰白色，伴有炎性浸润或出血。

图3-13　患KHV病鲤鱼眼部凹陷

图3-14　患KHV病鲤鱼，鳃部黏液增多，鳃丝末端腐烂

（四）防治方法

目前，针对鲤疱疹病毒病尚无有效的治疗方法，主要进行预防。

（1）对养殖池定期消毒，可以按照 150 千克/亩的剂量使用生石灰对养殖池塘彻底消毒，并且定期使用消毒剂。

（2）采用1%聚维酮碘溶液以 50 mg/L 的浓度进行浸泡处理，时长 15 min，以有效控制病情蔓延。

（3）保持水质稳定，保证水体溶解氧充足。

（4）在饲料中添加抗病毒的天然植物药物（如金银花、板蓝根等），并进行投喂，对该病有治疗效果。

五、鲤浮肿病

（一）病原

鲤浮肿病（koi sleepy disease，KSD），又称锦鲤昏睡病，是一种由鲤浮肿病毒（carp edema virus，CEV）引起的鲤科鱼类严重病毒性传染病。CEV 隶属于痘病毒科（Poxviridae），是一种双链 DNA 病毒，病毒粒子呈圆形或卵形，大小为 200 nm×400 nm，具有囊膜结构，这使得它能够在水生环境中稳定存在并有效传播。

（二）流行情况

鲤浮肿病是我国新发动物疫病，该病毒主要感染鲤科鱼类，尤其是鲤鱼和锦鲤。辽宁、天津、北京、河北、河南、广东都发生此病。在沈阳、大连、营口等养殖区域此病广泛流行，该地区的气候条件和水体环境促进了 CEV 病毒的传播。近年来，养殖密度增大和气候变化加剧了病情，发病率逐年上升。尤其在 6—

7月和9—10月，气温波动大时，该病更易暴发，5~7 d即达死亡高峰，整个发病周期为7~10 d，死亡率可超30%，极端情况下高达95%，给养殖户造成惨重经济损失。CEV在水温6~27 ℃均可活跃，最适流行水温为12~27 ℃，尤以20~27 ℃时病毒复制迅速，引发鱼类发病。CEV的感染途径多样，包括直接接触、摄食、水体交换、饵料传播及通过鸟类等媒介传播，因此防控难度加大。

（三）主要症状

鲤浮肿病的临床症状多样且显著，主要表现为病鱼上浮、聚堆游边，呈现出一种"昏睡"的状态。病鱼眼球内陷（图3-15），头部皮肤明显向内凹陷，食欲不振，吻端和鳍基部溃疡，体表黏液增多，部分病鱼体表覆盖一层白色黏膜，给人以"浮肿"的直观印象。此外，病鱼的鳃丝常出现局部溃烂（图3-16）或水肿，黏液分泌异常增多（图3-17），导致呼吸困难。解剖观察可见，病鱼的肾脏常呈糜烂状（图3-18），肝脏充血或出血（图3-19），肠道明显出血发红，严重时伴有黄色脓液。

图3-15　CEV发病鱼眼部凹陷

图 3-16　患 CEV 病鱼鳃丝局部腐烂

图 3-17　患 CEV 病鱼鳃丝肿胀，黏液增多

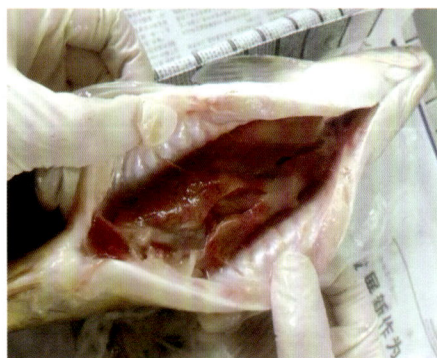

图 3-18　患 CEV 病鲤鱼内脏糜烂，严重坏死

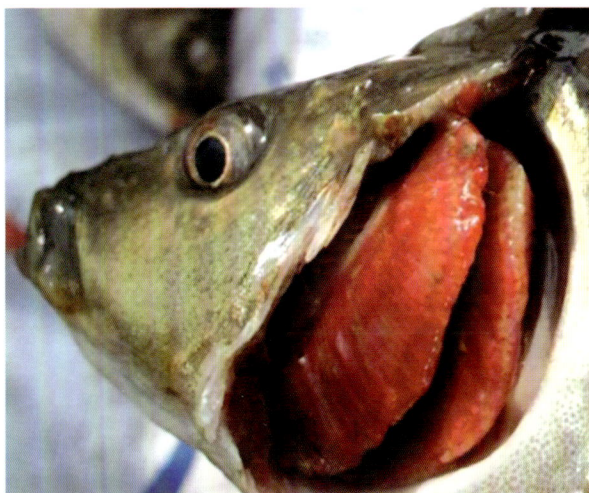

图 3-19 患 CEV 病鲤鱼，鳃丝严重溃烂，肠道
和肝脏出现充血，脾脏、肾脏肿大有出血

（四）防治方法

针对鲤鱼浮肿病，由于目前尚无特效治疗药物，治疗主要以缓解症状、控制病情发展为主。同时，加强预防和管理措施，减少疾病的发生和传播。

（1）使用生石灰彻底清塘。

（2）投放经检疫合格的苗种。

（3）设置合理养殖密度，建议与一定比例的鲢、鳙混养。

（4）在饲料中添加板蓝根或金银花、免疫多糖、维生素、恩诺沙星（有细菌并发感染时需添加）等一起投喂，每天 2 次，连续投喂 5~7 d。

（5）定期对水体进行消毒，运用碘制剂（如聚维酮碘、季铵盐络合碘等），以每立方水体 0.3~0.5 mL 的浓度，进行连续 2~

3 次的泼洒消毒，间隔时间为 1 d。

（6）不随意转池，避免鱼体受伤，减少应激。

（7）养殖工具专池专用，及时消毒。

（8）一旦发病，停止投喂饵料，停止用药，停止换水；增氧，保持溶解氧质量浓度在 5 mg/L 以上。

（9）全池泼洒大黄粉或三黄粉 1~2 次，浓度为 10 g/m³。

六、传染性造血器官坏死病

（一）病原

传染性造血器官坏死病（infectious hematopoietic necrosis，IHN）的病原是传染性造血器官坏死病毒（infectious hematopoietic necrosis virus，IHNV），它属于弹状病毒科，是一种单链 RNA 病毒，具有高度的传染性和致死性，严重危害鲑鳟鱼类，包括虹鳟、大西洋鲑等。该病毒主要通过水平传播和垂直传播两种方式扩散。水平传播主要通过水体中的病毒颗粒、粪便、尿液、性腺产物等污染水体，鱼通过鳃和消化道感染病毒。垂直传播是指携带病毒的雌鱼通过生殖道将病毒传递给后代。

（二）流行情况

传染性造血器官坏死病主要感染虹鳟、大鳞大麻哈鱼、河鳟等鲑科鱼类。辽宁省作为水产养殖大省，鲑科鱼类尤其虹鳟的养殖极为普遍。IHN 在辽宁省沿海及内陆鲑科鱼类养殖场中频繁暴发，尤以大连、丹东、营口沿海城市及沈阳、抚顺等内陆养殖基地为重灾区。此病对幼鱼的威胁尤为严峻，特别是出生仅 1 月龄内的鱼苗，其感染率和死亡率均显著高于成鱼。IHN 在 8~15 ℃的水温下极易流行，且水温越低，潜伏期越短，病情发展越快。具体而言，当水温降至 10 ℃时，幼鱼往往在感染后 4~6 d 即开始死亡，8~14 d 死亡率攀升至顶峰，可能持续数周之久，死亡率高达 50%~80%，极端情况下甚至可致全池覆灭。但水温一旦超过 15 ℃，IHN 的感染率明显下降。

（三）主要症状

IHN 感染后的病鱼表现出多种临床症状，主要包括眼球突出且变黑、腹部膨胀且有腹水、肛门处拖 1 条长而粗的黏液便（图 3-20）。病鱼反应迟钝、食欲不振、呼吸困难、共济失调，严重时出现游动缓慢、顺流漂起、摇晃摆动、痉挛甚至死亡。此外，病鱼的鳃出血坏死，眼睛凹陷，皮肤有灰白色斑点，黏液分泌增多，鳍条基部和肛门周围充血。解剖病鱼可见肝脏、脾脏、肾脏、肠道等充血（图 3-21），并有卡他性炎症，体腔内有积水，鳃及内脏颜色变淡。口腔、骨骼肌、脂肪组织、腹膜、脑膜、鳔和心包膜常有出血斑点（图 3-22），肠出血（图 3-23），鱼苗的卵黄囊也会出血，因充满浆液而膨大。

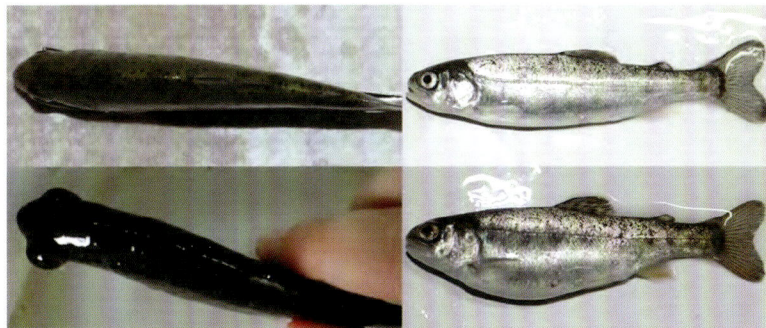

图 3-20　正常虹鳟（上）与感染虹鳟（下），感染虹鳟出现体色发黑、眼球突出和腹部膨大的症状

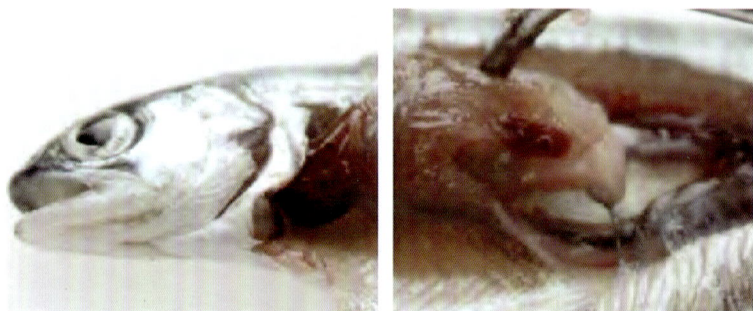

图 3-21　病鱼的肝、脾、肠等部位出现弥漫性充血

图 3-22　腹腔脂肪出血，肌肉出血

图 3-23　患病虹鳟解剖后可见腹膜严重出血，肠道充血

(图中箭头所示)

（四）防治方法

（1）受精卵消毒，先用 0.9% 盐水清洗 1 遍，再用 10% 聚维酮碘溶液，每升水体加入 0.05 mL，进行浸浴处理 10~15 min。

（2）每立方米使用复合碘溶液 0.1 mL，或选择 10% 聚维酮碘溶液 0.40~0.75 mL，或 10% 聚维酮碘粉 0.15 g，进行全池均匀泼洒。

（3）每千克饲料中添加六味地黄散 2 g，或板蓝根末 20 g，或穿梅三黄散 12 g。此饲料添加剂方案应每日实施 2 次，连续使用 5 d。

（4）鱼卵孵化及仔、稚鱼培育阶段，将水温提高到 17~20 ℃，可预防此病发生。

（5）发现病情，应果断地将病鱼池中的苗种全部销毁，用 200 mg/L 有效氯的消毒剂消毒鱼池；在 8~10 ℃时，孵化所用的设备及工具用 2%~5%的甲醛溶液消毒 20 min。

七、传染性胰腺坏死病

（一）病原

传染性胰腺坏死病（infectious pancreatic necrosis，IPN）是一种高度传染性的急性病毒性疾病，主要影响鲑科鱼类。该病的病原为传染性胰脏坏死病毒（infectious pancreatic necrosis virus，IPNV）（图 3-24），属于双 RNA 病毒科（Birnavirdate），病毒粒子为二十面体球形颗粒，无囊膜，直径约为 60 nm，其核酸为双链 RNA。

（二）流行情况

IPN 在辽宁省的流行主要集中在沿海及内陆的鲑科鱼类养殖场，特别是虹鳟养殖密集区域。具体流行地区包括大连、丹东、营口等沿海城市，以及沈阳、抚顺等内陆地区的部分养殖基地。

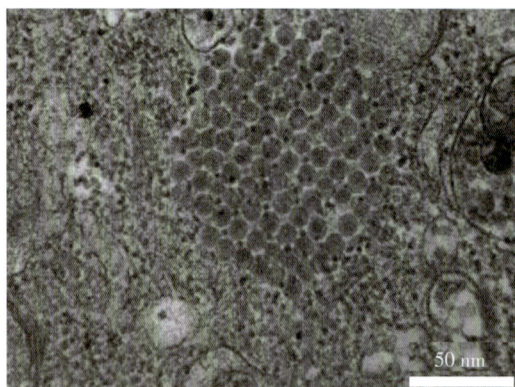

图 3-24　IPNV 分离株的电镜观察

流行季节主要集中在春季和秋季，在水温适宜的春秋季节，特别是水温达到 10~15 ℃，IPN 的发病率可能会上升。当水温低于 10 ℃ 或高于 15 ℃时，发病率和死亡率通常会降低。IPN 既可经水体水平传播，也可经卵垂直传播。病后存活的个体可带毒数年，并通过粪便、鱼卵、精液等排出病毒，继续传播。

（三）主要症状

IPN 的主要病理症状集中在鱼类的游泳行为、体色变化、腹部肿大及内脏器官病变等方面。患急性型 IPN 的鱼会出现突然离群狂游、翻滚、旋转等异常游泳姿势，随后停于水底，间歇片刻后重复上述游动，它们通常在 1~2 h 死亡。亚急性型 IPN 则表现为病鱼体色变黑（图 3-25），眼球突出（图 3-26），腹部明显肿大，腹鳍基部充血、出血，肛门常拖有灰白色粪便。解剖检查可见胰腺组织严重出血、坏死，这是 IPN 最具特征性的病变。此外，肝脏出现局灶性坏死，脾脏充血、水肿，肾脏的造血组织发生变性、坏死。消化道黏膜发生变性、坏死和剥离，胃幽门部出血，肠道内无食物而充满透明或乳白色黏液。

图 3-25　患病虹鳟体色发黑

图 3-26　患病虹鳟眼球突出

（四）防治方法

目前，针对 IPN 尚无特效的治疗药物，但可以通过一些措施来缓解症状、控制病情并防止疾病的进一步传播。

（1）使用 3% 甲醛（原液含甲醛 40%）按 1：4000 比例稀释后，对水体进行 20~30 min 的静水洗浴消毒。

（2）以 3% 漂白粉按照（2~3）×10⁻⁶ 浓度，通过静水或微流水洗浴鱼体 20~30 min。

（3）将大黄（含量 50%）与板蓝根（含量 25%）混合研粉，每千克饲料拌入 50 g 药粉进行投喂。

（4）发眼卵用伏碘浸洗，质量浓度为 50 mg/L，药浴 15 min。

（5）发病时，可通过降低水温（10 ℃以下）或提高水温（15 ℃以上）来控制病情发展。

第三节 细菌性疾病防治

辽宁地区淡水鱼养殖中常见的细菌性疾病主要有暴发性出血病、体表溃疡病、细菌性烂鳃病、肠炎病和细菌性烂鳍病等。

一、暴发性出血病

（一）病原

暴发性出血病，又称细菌性败血症，是淡水鱼类养殖业中一种高度危害性的疾病，其病原复杂，病理症状显著，流行范围广，死亡率高，给养殖业带来了巨大的经济损失。暴发性出血病主要由多种病原菌引起，包括嗜水气单胞菌（*Aeromonas hydrophila*）、温和气单胞菌（*Aeromonas sobria*）、鲁克氏耶尔森氏菌（*Yersinia ruckeri*）、豚鼠气单胞菌（*Aeromonas caviae*）、产碱假单胞菌（*Pseudomonas alcaligenes*）等。这些病原菌在自然界（如土壤、水体等环境）中广泛存在。水温和气候突变、水质恶化、寄生虫感染、鱼体免疫力低下是该病暴发的重要诱因。此外，拉网等操作不慎，特别是夏季的热水鱼捕捞，使鱼体表受伤，也易感染该病。

（二）流行情况

暴发性出血病主要危害辽宁省内的鲤、鲫、鲢、鳙、团头鲂、鳜等淡水鱼类。主要危害1龄以上的鱼，近年来扩大到2月龄鱼种。该病全年均可发生，主要集中在3—11月，其中6—9月是该病的高发季节。该病流行水温为9~36 ℃，以28~32 ℃为高峰。池塘、水库、湖泊中的鱼均可流行该病。

（三）主要症状

暴发性出血病的病理症状显著，主要表现为鱼体各器官组织不同程度地出血或充血。病鱼胸鳍、背鳍、尾鳍基部及眼眶周围有明显充血现象（图3-27和图3-28），眼球突出，口腔颊部及下颌充血发红，肛门红肿，腹部膨大（图3-29和图3-30）。解剖鱼体可见腹腔内有大量红色或淡黄色腹水，胃肠道内没有食物，肠道充血。肠壁变薄，肝、脾、肾肿大、淤血、呈紫黑色，部分鱼可见鳔和脂肪充血和出血（图3-31）。此外，病鱼常表现为在水中静止不动或阵发性狂游乱窜，最后衰竭而死。

图3-27 病鱼鳍基充血发红、鳃部充血

图3-28 患病草鱼胸鳍、背鳍和尾鳍基部有明显充血

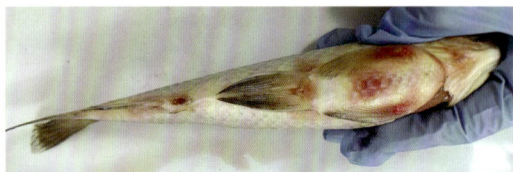

图 3-29　病鱼肛门红肿，胸鳍、背鳍和尾鳍基部有明显充血

图 3-30　患病泥鳅嘴部和体表出血严重

图 3-31　患病异育银鲫肝、脾、肾及肠道出血严重，
鱼鳔出现点状出血

（四）防治方法

（1）彻底清塘，及时清淤。鱼池每年或隔年要彻底清塘、晾干曝晒，对淤泥较厚的池塘，要及时清淤。池塘注水前用生石灰清塘消毒；带水池塘清塘时，水深 1 m，每亩用 70~100 kg 生石

灰。

（2）发病季节，每半月施放石灰水，每立方米水体用 25~30 g；漂白粉（有效氯的含量为 30%~32%）每立方米用 1.0 g。

（3）采用氟苯尼考作为药物拌入饲料中投喂。具体剂量为每千克鱼体重使用 10~25 mg 的药物，每日投喂 1 次，连喂 5~7 d。

（4）采用恩诺沙星（可复配硫酸新霉素）拌料内服，每日 2 次，剂量为每千克鱼体重使用 20~40 mg，连用 5~7 d。

（5）使用优质碘制剂全池泼洒，采用 10% 的聚维酮碘溶液每亩泼洒 500 mL，隔天再用 1 次。

（6）采用中药大黄进行预防，每立方米水体中加入 2.5~3.7 g 大黄，并事先用大黄 20 倍重量的 90% 氨水浸泡，以提升药效。随后，将浸泡液连同药渣一同全池泼洒，建议每 15 d 进行 1 次。

二、体表溃疡病

（一）病原

体表溃疡病作为一种常见的鱼类疾病，其病原复杂多样，嗜水气单胞菌、温和气单胞菌等气单胞菌属细菌被认为是引起鱼类体表溃疡的重要病原之一。这些细菌通过水体传播，侵入鱼体表皮，引起局部组织坏死和溃疡。

（二）流行情况

体表溃疡病主要危害金鱼、锦鲤、大口鲇等多种淡水鱼类，其暴发季节主要集中在春季至秋季，特别是 5—8 月的高温期。该病在水温 15 ℃ 以上时开始流行，20~30 ℃ 时发病率达到高峰。该病流行于各大淡水养殖区，如沈阳、大连、鞍山、抚顺等地的淡水鱼主要养殖区。由于辽宁省地处东北，四季分明，水温变化较大，这为淡水鱼体表溃疡病的发生提供了有利条件，特别是在春季至秋季水温较高的时期，以及低水温期和大降雨后，该病易迅速暴发。

(三) 主要症状

患病初期，鱼体表面出现浅红色、裸露的疮点，有时鳍部亦受影响。随病情发展，这些疮点逐渐扩大并融合，形成明显的溃疡灶（图 3-32 至图 3-34），伴随鳞片松动脱落及表皮发炎溃烂，病灶周边充血明显。病情恶化时，溃疡深入肌肉层，暴露出肌肉组织，伴有出血或脓状渗出物，极端情况下甚至可见骨骼与内脏暴露，最终导致鱼类死亡。疾病后期，病鱼游动减缓、独自行动、眼睛失去光泽、食欲显著下降，体表红斑扩展成大面积溃疡，边缘不规则，常伴有脓性分泌物，严重损害鱼类的外观与生理功能，进而提高死亡率。

图 3-32　患病黄颡鱼体侧形成溃疡灶

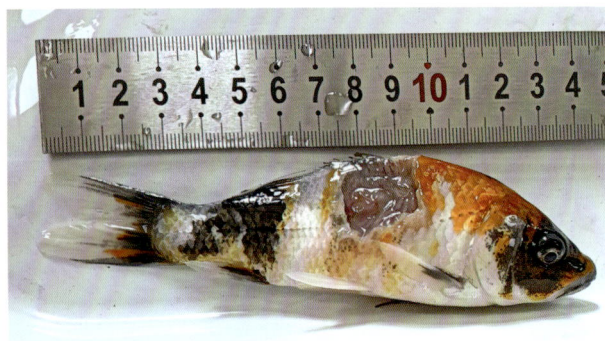

图 3-33　患病锦鲤体表形成溃疡灶

图3-34　患病泥鳅体表有溃疡灶

（四）防治方法

（1）定期使用10%的聚维酮碘溶液500 mL泼洒1~2亩，隔天再用1次。

（2）黄颡鱼感染此病后可通过拌饲投喂病原敏感性药物［如氟苯尼考（每千克鱼体重10~20 mg）或盐酸多西环素（每千克鱼体重20~40 mg）］，每日2~3次，连续使用5~7 d，以控制病情发展。

（3）在疾病流行季节，使用8%溴氯海因（每立方米水体0.2~0.3 g）进行全池泼洒，每15 d使用1次。

（4）有鳞鱼选择用恩诺沙星（每千克鱼体重20~40 mg）拌料内服，每日2次，连喂5~7 d。

三、细菌性烂鳃病

（一）病原

细菌性烂鳃病作为一种广泛影响淡水养殖业的疾病，其病原主要被认定为柱状黄杆菌。这类细菌具有强大的适应性和感染力，能够在不同环境条件下生存并繁殖，对淡水鱼类构成严重威胁。柱状黄杆菌通过侵袭鱼类的鳃组织，导致鳃丝腐烂、充血、水肿等病理变化，进而影响鱼类的呼吸功能，最终导致鱼类死亡。

（二）流行情况

细菌性烂鳃病主要流行于淡水养殖密集区域，包括大型水库、湖泊及池塘等养殖环境。该病发病时间在 4—10 月，主要流行于夏季，流行水温为 15~30 ℃，可危害各年段的草鱼、青鱼、鲤鱼和鲫鱼等淡水鱼类。

（三）主要症状

细菌性烂鳃病的主要病理症状表现为病鱼体色发黑，尤以头部为甚，因此该病在民间又被称为"乌头瘟"。病鱼行动缓慢，反应迟钝，常离群独游，食欲减退甚至停止摄食。肉眼观察下，病鱼的鳃盖骨内皮往往充血（图 3-35），严重时中间部分的表皮会腐蚀成一个圆形不规则的透明小区，俗称"开天窗"。鳃丝末端病变尤为严重（图 3-36），黏液增多，常带有污泥和杂物碎屑，有时可见血斑点（图 3-37 和图 3-38）。在显微镜下观察，可见鳃丝骨条尖端外露，附着大量黏液和污泥，并附有许多细长的细菌。此外，烂鳃病还常与细菌性肠炎病、赤皮病等并发症一同发生，进一步加剧鱼类的病情。

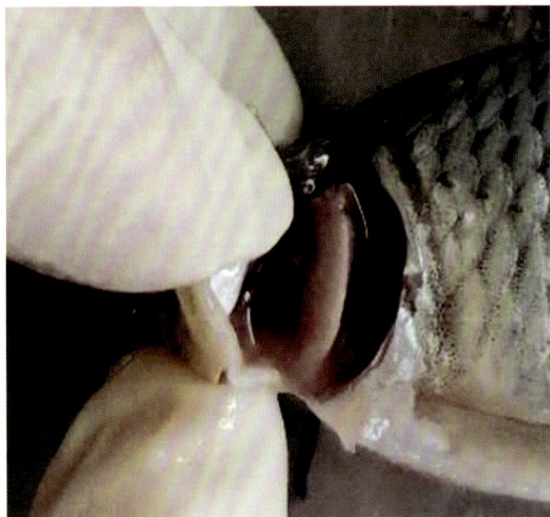

图 3-35　患病鲤鱼鳃丝发白，鳃盖骨内皮往往充血

图 3-36 患病刀鲚鳃丝末端病变尤为严重

图 3-37 患病泥鳅鳃丝腐烂，黏液增多

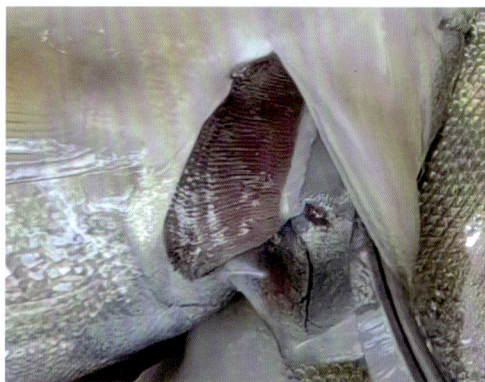

图 3-38 患病丁鱥鳃丝红肿，黏液增多

（四）防治方法

（1）选择甲砜霉素进行治疗，其投喂剂量为每千克鱼体重30~50 mg，每日分2~3次投喂，持续5~7 d。

（2）采用10%聚维酮碘溶液进行水体消毒，其用量为每立方米水体0.5~1.0 mL，建议每隔15 d进行1次全池泼洒。

（3）采用药物拌饲内服，可选择恩诺沙星（每千克鱼体重20~40 mg）或者氟苯尼考（每千克鱼体重10~20 mg）每日1~2次，连用5~7 d。

四、肠炎病

（一）病原

细菌性肠炎病的核心病原主要包括肠型点状产气单胞菌（*Aeromonas punctata f. intedtinalis*）与豚鼠气单胞菌（*Aeromonas caviae*），这两类致病菌在不利的水体环境中尤为猖獗。当水质恶化、溶解氧含量下降、饲料发生变质或腐败时，这些细菌便迅速增殖，并借助水体循环、受污染的饵料及病鱼间的接触，广泛传播至健康鱼群，进而诱发细菌性肠炎病。

（二）流行情况

细菌性肠炎病是一种广泛影响多种淡水鱼类的疾病，其中草鱼、青鱼、鲤鱼等以摄食为主要活动的鱼类尤为易感。这些鱼类因摄食量大、活动频繁，更易受到水质波动和饲料质量变化的影响，从而成为疾病的高发群体。该病在春末至秋季的温暖时段尤为猖獗，特别是4—9月，水温在18~30 ℃时，是细菌性肠炎病的高发与流行高峰期，其中5—6月更是病情最为严重的时段。

（三）主要症状

发病初期，病鱼表现出食欲减退乃至拒食、体色转暗、游动迟缓、活力明显减退的症状。解剖观察可见肠壁初期充血发炎，壁薄且弹性减弱（图3-39），但尚未见显著黏液或脓液积聚。随着病情发展，内黏膜严重脱落，肠道几近排空，肛门红肿外突，轻压腹部即有黄色黏液或血脓溢出，部分病鱼甚至拖带粪便或排出脓状白便。病情严重时，肠道内充斥淡黄色黏液与血脓，肠壁显著充血肿胀，颜色深红，腹部显著膨大，腹腔内积聚淡黄色腹水。

图3-39 患病鲤鱼肠道充血，肠壁薄且弹性减弱

（四）防治方法

（1）定期使用8%溴氯海因进行水体消毒，每立方米水体投放0.2~0.3 g，于疾病流行季节每15 d全池泼洒1次。

（2）每千克饲料中拌入穿心莲40 g、大青叶30 g、黄芩5 g、桑白皮10 g及白矾5 g（均打成粉末状），通过饲料投喂方式，增强鱼体免疫力，预防疾病发生。

（3）定期使用漂白粉或生石灰对食场周围及全池进行消毒，每隔15 d泼洒1次。

（4）拌饲投喂大蒜，每千克鱼体重给予5 g大蒜，连续投喂7~10 d；或使用大蒜素，每千克鱼体重投喂50~80 mg，每日2~3次，连喂3 d。

（5）采用药物拌饲内服，可选择恩诺沙星（每千克鱼体重 20~40 mg）或者氟苯尼考（每千克鱼体重 10~20 mg）每日 1~2 次，连用 5~7 d。

五、细菌性烂鳍病

（一）病原

细菌性烂鳍病是一种常见的鱼类疾病，主要由嗜水气单胞菌和温和气单胞菌引起。这些细菌广泛存在于自然水体中，但在水质恶化、水温适宜及鱼体免疫力下降等条件下，它们会大量繁殖并侵入鱼体，引发该病。

（二）流行情况

细菌性烂鳍病广泛流行于各大淡水养殖区，如沈阳、大连、鞍山、抚顺等地的淡水鱼主要养殖区，草鱼、鲤鱼、鲫鱼等多种淡水鱼类都可感染该病。每年夏季是辽宁省淡水鱼细菌性烂鳍病的高发期，此时水温稳定在 20~30 ℃。机体受伤是该病暴发的一个关键因素。当鱼尾部遭遇擦伤或受到寄生虫等生物因素的侵害后，鱼体的防御机制受损。此时，若鱼体自身抵抗力因环境应激、营养失衡或生理状态不佳而下降，这一系列不利条件将促使疾病迅速在鱼群中传播。成鱼虽然相对较为健壮，但同样面临感染风险，只是由于其更强的抵抗力，死亡率通常保持在较低水平。

（三）主要症状

细菌性烂鳍病的主要病理症状集中体现在鱼体的鳍部，但也可能影响其他部位。初期，病鱼的鳍边缘会出现轻微的不透明外观，随后鳍膜逐渐脱落，暴露出鳍刺（图 3-40）。随着病情的加重，鳍刺开始裂开，形成裂缝，并逐渐向鱼体蔓延。当裂缝到达鱼体时，往往导致鱼体感染加深，甚至引发全身性感染，最终可能导致鱼类死亡。除了鳍部的典型症状外，病鱼还可能表现出游动缓慢、食欲减退、体表黏液增多等一般性疾病症状。在疾病后期，鱼体可能因严重感染而失去平衡（图3-41），甚至死亡。

图3-40　患病黄颡鱼背鳍腐烂，暴露出鳍刺

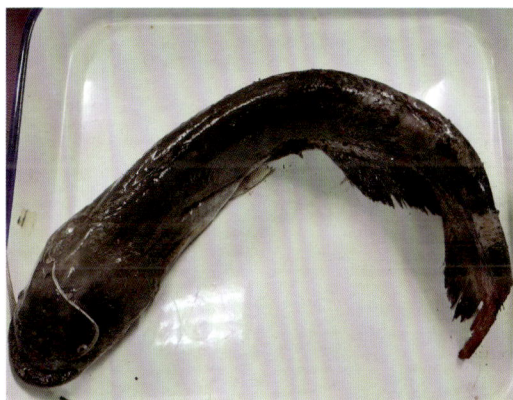

图3-41　患病鲇鱼尾鳍腐烂

（四）防治方法

（1）采用全池均匀泼洒的方式，选用三氯异氰脲酸粉，其用量为每立方米水体0.3~0.5 g；或者选择8%浓度的二氧化氯、溴氯海因，其用量为每立方米水体0.1~0.2 g。

（2）使用复方磺胺二甲嘧啶粉，将其按每千克饲料 20 g 的剂量均匀拌入饲料中，然后投喂给鱼类，每日 1 次，持续 4~6 d。

（3）拌饲投喂氟苯尼考，用量为每千克鱼体重 10~20 mg，并连续使用 5~7 d。

🍀 第四节　寄生虫性疾病的防治

一、车轮虫病

（一）病原

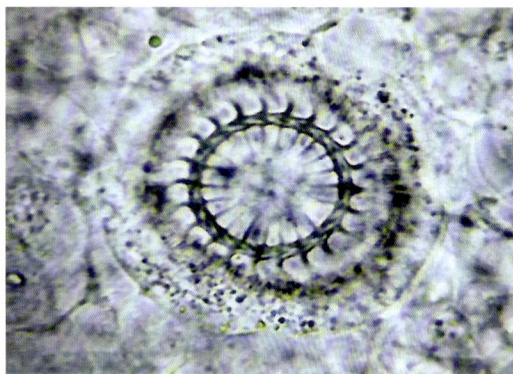

图 3-42　车轮虫显微镜下正面观察（20×10 倍镜）

车轮虫病（Trichodiniasis）是一种由车轮虫（*Trichodina spp.*）引起的鱼类寄生虫病。车轮虫属于纤毛门（Ciliophora），缘毛目（Peritrichida），车轮虫科（Trichodinidae），是淡水鱼类常见的体外寄生虫之一。车轮虫体微小，虫体大小为 20~40 μm，车轮虫具有发达的空锥形锥部及向外的齿钩和向中心的齿棘。车轮虫（图 3-42）呈钟形或碟形，具有纤毛，能在水中自由游动并附着于鱼类的体表、鳃丝、鳍条等部位，通过其附着盘和纤毛进行移动和摄食，主要以宿主的上皮细胞、黏液及组织液为食，对鱼类健康造成严重影响。

（二）流行情况

在辽宁省内，车轮虫病主要流行于淡水养殖区域，特别是主养区和高密度精养区，如沈阳、辽阳等地的池塘养殖区。车轮虫病的流行受季节、水温、水质及养殖密度等多种因素影响。高峰季节一般出现在 5—8 月，此时水温在 20~28 ℃，是车轮虫繁殖和寄生的最适条件。该病易在水质肥沃的小面积浅水中暴发，常造成 3 cm 以下苗种大量死亡。

（三）主要诊断症状

病鱼体表覆盖一层灰白色的黏液，使鱼体变得暗淡无光，且行动迟缓、食欲减退，会出现"白头白嘴"或"跑马"（环游不止）等异常行为。车轮虫的大量寄生会严重刺激鱼类的鳃组织，导致鳃丝肿胀、分泌大量黏液，从而影响鱼类的呼吸功能，使其呼吸困难，甚至因窒息而死亡。此外，车轮虫还可能引起鱼体贫血、消瘦及体色变黑等全身性症状，对鱼类的健康构成严重威胁。

（四）防治方法

（1）放养前，用生石灰彻底清塘，鱼种用 15~20 mg/L 高锰酸钾或 8 mg/L 硫酸铜溶液药浴 15 min 消毒，保持水质清洁，避免鱼体受伤。

（2）治疗时，全池泼洒硫酸铜与硫酸亚铁合剂（比例为 5：2），调至池水浓度为 0.7 g/m³。

（3）用 3% 食盐水浸洗病鱼 10~15 min。

（4）使用 20 mg/L 高锰酸钾溶液浸洗病鱼，时间依水温适当调整。

二、指环虫

（一）病原

指环虫病，其病原主要包括鳃片指环虫、鳙指环虫、小鞘指环虫、坏鳃指环虫等多种指环虫种类。指环虫体一般长而扁平，体长通常在 0.2~0.5 mm，宽度在 0.07~0.36 mm，虫体的前端有 2 对头器，头部背面有 4 个黑色的眼点，固着盘内含有 1 对中央大钩和 7 对边缘小钩（图 3-43）。这些寄生虫广泛寄生于鱼类的鳃部，通过特有的固着器附着在鳃丝上，以吮吸鱼血和黏液为生，对宿主的健康造成严重影响。

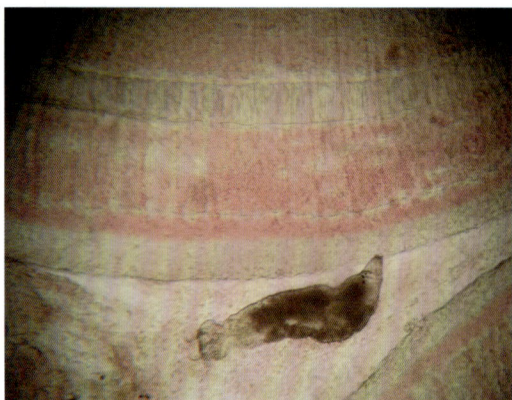

图 3-43　指环虫显微镜图片（10×10 倍镜）

（二）流行情况

指环虫病作为一种常见的淡水鱼类寄生虫病，主要靠虫卵及幼虫传播，广泛分布于各淡水养殖区域，尤其是沈阳、辽阳、营口、丹东等地的养殖区。其危害多种淡水鱼，是鱼苗、鱼种阶段常见的寄生虫性鳃病。指环虫中多数种类的繁殖适温为 20~25 ℃，流行于春末、夏初和秋季。小鞘指环虫属低温种类，寄生在鲢上，水温为 9~15 ℃。

（三）主要症状

指环虫少量寄生时，病鱼可能无明显症状，但随着寄生虫数量的增加，病鱼会逐渐表现出鳃丝肿胀、充血，呈花鳃状，并伴有大量黏液分泌。在重度感染的情况下，病鱼极度不安，鳃丝贫血，呈现暗灰色，黏液显著增多，鳃盖张开，鳃丝上形成白色斑点或泡沫状小团，病鱼因呼吸困难而频繁上浮至水面，导致鱼体全身性缺氧，引发多器官衰竭。

（四）防治方法

（1）鱼塘放养前，用生石灰彻底清塘。

（2）使用 20 g/m³ 的高锰酸钾溶液或 5 g/m³ 的晶体敌百虫溶液对鱼体进行 15~30 min 的全面浸浴。

（3）全池均匀施用晶体敌百虫溶液，调整池水浓度至 0.3~0.7 g/m³。注意鳜鱼、大口鲇等特定种类的鱼类，要适当降低用药浓度，以免引发不必要的损失。

（4）可利用生石灰进行带水清塘处理，每亩池塘建议使用生石灰 150 kg。

（5）用 5% 食盐水浸洗鱼体 5 min。

三、三代虫

（一）病原

三代虫病，在鱼类养殖中特指由三代虫（*Gyrodactylus spp.*）寄生引起的一种常见寄生虫病。三代虫属于单殖吸虫纲（Monogenea），锚首虫科（Ancyrocephalidae），其外形和运动状况与指环虫相似，但具有显著的胎生繁殖特性。其头端仅分成 2 叶，无眼点，后固着器呈伞形，包含 1 对锚形中央大钩和 8 对伞形排列的边缘小钩，这些结构使其能够牢固地附着在鱼类的体表及鳃上

（图3-44）。

图3-44 三代虫显微镜图片（10×10倍镜）

（二）流行情况

三代虫适宜的繁殖水温为20 ℃左右，4—6月比较流行，对多种淡水鱼、观赏鱼危害极大。根据近年来的监测数据和疫情报告，阜新彰武县、阜新蒙古族自治县，锦州义县、黑山县、北镇市、沈阳康平县、法库县、新民市，盘锦大洼区，铁岭市等地是三代虫病的高发区域。

（三）主要症状

三代虫寄生在鱼类体表及鳃上，通过吸食宿主血液和组织液获取营养，导致鱼类出现一系列病理症状。受感染的鱼体常表现为游动异常，食欲减退，体色暗淡、失去光泽，鳃丝肿胀、黏液增多，呼吸困难。此外，大量寄生还会造成鱼类体表和鳃部的创伤，为其他病原微生物的入侵提供条件，从而引发继发性感染，进一步加剧病情。

（四）防治方法

（1）鱼塘放养前，用生石灰彻底清塘。

（2）鱼种放养前，用5 mg/L精制敌百虫粉水溶液药浴15～30 min，杀死或驱除鱼种上寄生的三代虫。

（3）全池遍洒敌百虫的水溶液，使池水达 0.3~0.7 mg/L 的浓度。注意：鳜、大口鲇等敏感品种，要适当降低用药浓度。

（4）每千克鱼体重用 6% 含量的阿苯达唑粉 0.2 g，拌饵投喂，每日 1 次，连用 5~7 d。

（5）青鱼、草鱼、鲢、鳙和鳜患此病时，每立方米水体每日每次用 10% 甲苯咪唑溶液 1.0~1.5 g，2000 倍水稀释均匀后全池泼洒；斑点叉尾鲴、大口鲇禁用此药。

四、黏孢子虫

（一）病原

黏孢子虫隶属于黏体门（Myxozoa），黏孢子纲（Myxosporea），常见的病原包括鲢碘泡虫、饼形碘泡虫、野鲤碘泡虫、鲫碘泡虫等，它们分别具有不同的宿主特异性和寄生部位偏好。黏孢子虫的特征在于孢子体内含有至少一个有感染性的阿米巴样孢囊及一个或多个极囊，这些极囊内含有可挤出的丝状结构，使其能够穿透宿主细胞进行寄生。

（二）流行情况

在流行季节上，黏孢子虫病在辽宁省内主要集中在 5—9 月，这一时段正值鱼类生长旺季和高温多雨季节。该病主要感染鲑鳟鱼、草鱼、鲤鱼、鲫鱼等多种淡水鱼类，且死亡率很高。

（三）主要症状

黏孢子虫寄生于鱼类体内后，会引发一系列严重的病理症状。在鲢鱼中，鲢碘泡虫主要寄生在鳃丝或鳃小片之间，导致鳃丝红肿、鳃盖难以闭合，病鱼表现出呼吸困难、易浮头等症状。随着病情的发展，鱼体逐渐消瘦（图 3-45），尾巴上翘，上下打转，最终因失去平衡和摄食能力而死亡。这种病症也被称为"疯狂病"，在养殖过程中极易造成大量鱼苗死亡。在其他鱼类中，黏孢子虫也会引发类似的症状。例如，饼形碘泡虫主要寄生在草鱼的肠壁上，形成许多白色小胞囊，影响鱼类的消化和吸收功能；野鲤碘泡虫则寄生在夏花鲮鱼的皮肤及鲤鱼鳃弓上，形成灰白色瘤，导致鱼体皮肤破损和呼吸障碍。黏孢子虫显微镜观察如图 3-46 所示。

图 3-45　框镜鳃部感染黏孢子虫，鳃黏液增多，鱼体消瘦

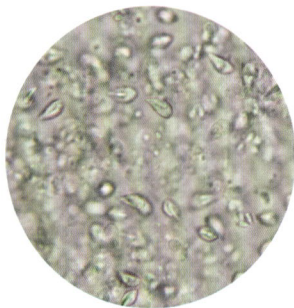

图 3-46　黏孢子虫显微镜观察（10×10 倍镜）

（四）防治方法

（1）定期泼洒晶体敌百虫溶液，使浓度保持在 $0.2 \sim 0.3 \ \mathrm{g/m^3}$，每月 1~2 次，用于预防。

（2）若发现鱼类体表或鳃部感染此虫，全池泼洒晶体敌百虫，使浓度达 $3 \ \mathrm{g/m^3}$，连用 5 d。

（3）对于肠道寄生虫，可同时使用地克珠利，按每千克鱼体重 2.0~2.5 mg 给药。

五、斜管虫

（一）病原

斜管虫隶属于纤毛门（Ciliophora），动基片纲（Kinetoplastida），管口目（Tubulocystida），斜管科（Clinotrichidae）。斜管虫（图 3-47）是一种纤毛虫类寄生虫，其虫体具有显著的背腹之分，背部稍隆起，腹面左边较直、右边稍弯。虫体左面有 9 条纤毛线，右面有 7 条，每条纤毛线上覆盖着密集的纤毛，这些纤毛不仅用于运动，还参与摄食和附着过程。腹面中部存在 1 条喇叭状口管，这是其摄取营养的关键结构。此外，虫体内部包含近圆形的大核和球形的小核，以及位于身体左右两侧的伸缩泡，这些结构共同维持着虫体的生命活动。

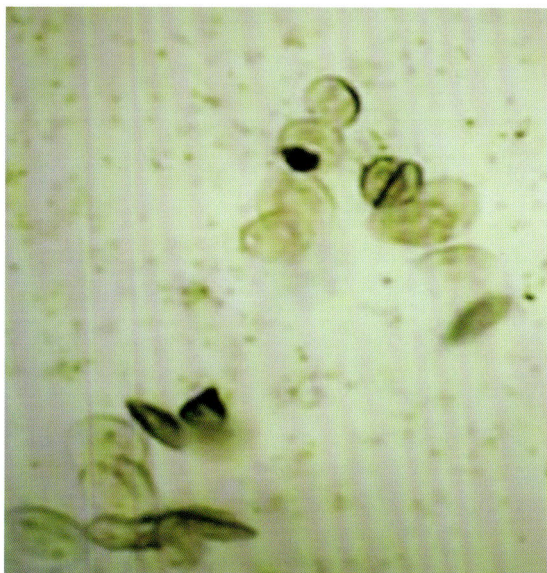

图 3-47　斜管虫显微镜图片（10×10 倍镜）

（二）流行情况

斜管虫病主要发生在春秋季节，尤其是水温在 12～18 ℃时最为流行，成鱼、鱼苗和鱼种都可感染发病，鲫、鲤、草鱼、鳙、鲇、黄颡等多种淡水鱼类均易感染该病。该病病程通常为急性，2～3 d 即可造成大批病鱼死亡。

（三）主要症状

斜管虫寄生在鱼体体表和鳃上时，病鱼消瘦发黑，食欲减退，病鱼体表和鳃分泌大量黏液，形成一层苍白色或淡蓝色的黏液层，导致病鱼呼吸困难，在池塘中出现浮头、侧卧或漂浮水面的现象。在产卵池中，亲鱼若大量寄生斜管虫，还会影响其生殖机能，导致繁殖失败。

（四）防治方法

（1）放养前，使用生石灰清塘，有效杀灭底泥中潜藏的病原体，为鱼苗营造安全的生长环境。

（2）苗种入池前，以 8 mg/L 硫酸铜溶液进行 20～30 min 的浸洗处理，确保鱼体表面清洁无虫。

（3）全池均匀泼洒硫酸铜与硫酸亚铁合剂（比例为 5：2），调至池水浓度为 0.7 g/m³。

（4）采用 3 mg/L 高锰酸钾溶液对鱼体进行 15～30 min 药浴，隔日重复，强化体表消毒效果。

（5）全池泼洒阿维菌素溶液，用量为每立方米水体 0.2～0.3 g，稀释 2000 倍后均匀泼洒，次日再以二氧化氯（质量分数为 8%）全池泼洒，消毒水体。

六、小瓜虫

（一）病原

小瓜虫病，俗称"白点病"，其病原为多子小瓜虫（*Ich-*

thyophthirius multifiliis），属于原生动物门（Protozoa），纤毛虫纲（Ciliata），凹口科（Ophryoglenidae），小瓜虫属（*Ichthyophthirius*）。多子小瓜虫是一种寄生在鱼类皮肤、鳍、鳃等部位的纤毛虫。其虫体形态和大小随发育时期的不同而有所变化，一般分为幼虫期和成虫期。幼虫呈卵形或椭圆形，前尖后钝，全身覆盖等长的纤毛，后端有一根长而粗的尾毛，前端则具有一个乳头状的"钻孔器"，用于穿透宿主表皮。成虫则呈卵圆形或球形，全身密布短而均匀的纤毛，尾毛消失，体内含有一个马蹄形或香肠形的大核。

（二）流行情况

小瓜虫病主要危害淡水鱼类，从鱼苗到成鱼均可感染。小瓜虫易暴发于春秋季及初冬季节，当水温处于 15~25 ℃时，小瓜虫病的发病率和死亡率均会显著上升。

（三）主要症状

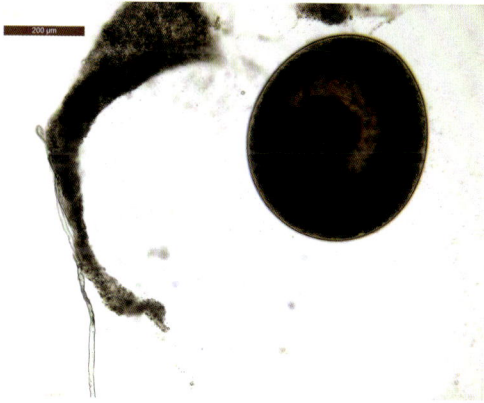

图 3-48　小瓜虫显微镜照片

小瓜虫（图 3-48）侵入鱼体后，病鱼体表和鳃瓣上布满白色点状的虫体和胞囊。随着病情的发展，病鱼体表头部、躯干和鳍条处的黏液明显增多，与虫体混在一起，形成一层薄膜覆盖在病灶表面。严重时，病鱼体表皮肤糜烂、脱落，鳍条腐烂，甚至出现蛀鳍、瞎眼等病变。鳃组织也发生增生和黏液分泌增加，严重时鳃出血坏死。病鱼反应迟钝，游动缓慢，不时与固体物摩擦以缓解瘙痒感，最终因呼吸困难、体质消瘦而死亡。

（四）防治方法

（1）每亩水域采用 250~300 kg 生石灰进行带水清塘处理，彻底杀灭底泥中的病原体。

（2）针对小水体，通过加热使水温升至30 ℃以上并维持24 h，有效抑制小瓜虫发育，迫使其从鱼体脱落。

（3）每立方米水体精准投放辣椒 0.9~1.2 g 与生姜 1.6~2.5 g，混合后加水煮沸至少半小时，于晚间 8—10 时全池均匀泼洒。

（4）按每千克鱼使用 0.3~0.4 g 的青蒿末进行拌料投喂，每日 1 次，连续使用 5~7 d。

七、锚头鳋

（一）病原

锚头鳋（*Lernaea cyprinacea*）属于剑水蚤目（Cyclopoida），锚头鳋科（Lernaeidae），是一类专门寄生在鱼类体表、鳃、口腔等部位的寄生虫。锚头鳋体大、细长，呈圆筒状，肉眼可见，分为头、胸、腹三部分，但各部分之间界限不明显。雌性成虫寄生在鱼体内，生殖季节其排卵孔上可见一对卵囊。锚头鳋的幼虫和成虫均可对鱼类造成危害，但雌虫的危害更为严重，因为它们通过钻入鱼体组织内吸取营养，导致鱼体受损。在辽宁省内，常见的锚头鳋种类包括多态锚头鳋、草鱼锚头鳋、四球锚头鳋和鲤锚头鳋等。

（二）流行情况

锚头鳋病在全国各地均有发生，特别是在夏秋季节，可危害鲫鱼、草鱼、鲢鱼、鳙鱼等多种淡水鱼类。锚头鳋病对鱼类的危害极大，特别是对幼鱼和鱼种阶段的影响更为显著。当鱼体寄生有 3~5 个锚头鳋时，即可引起幼鱼死亡；而对于大鱼，虽然不一定会导致大量死亡，但是会影响其生长、繁殖及商品价值。

（三）主要症状

锚头鳋（图 3-49）寄生在鱼体后，鱼体会表现出烦躁不安、食欲减退和行动迟缓等。随着寄生数量的增加，鱼体会逐渐消瘦，甚至出现游动困难、身体瘦弱等症状。锚头鳋钻入鱼体的部位会出现鳞片破裂、皮肤肌肉组织发炎红肿、组织坏死等现象。同时，锚头鳋露在鱼体表外面的部分常有钟形虫和藻菌植物寄生，形成一束束的灰色棉絮状物质，使鱼体外观如披蓑衣一般，故又称"蓑衣病"。此外，锚头鳋的分泌物还会溶解、腐蚀靠近伤口的鳞片，形成不规整形缺口，为水霉菌、车轮虫等其他病原体的入侵提供便利。

图 3-49　唇䱻体表寄生的锚头鳋

（四）防治方法

（1）为有效预防锚头鳋的侵袭，建议每亩水域采用 250~300 kg 的生石灰进行带水清塘处理。

（2）一旦发现锚头鳋感染病例，应使用晶体敌百虫进行全池泼洒，确保池水中药物浓度维持在 0.5~0.7 g/m³，连续用药 2~3 次，间隔 5~10 d。值得注意的是，若鱼体上寄生的锚头鳋已进入老虫阶段，即接近死亡或脱落，此时无须再额外施药。

（3）对于锚头鳋感染较为严重的池塘，推荐使用 4.5% 的氯氰菊酯溶液进行强化治疗，按每立方米水体 0.2~0.3 mL 的剂量全池泼洒。

八、鱼虱病

（一）病原

鱼虱，作为一种甲壳类寄生虫，是鱼虱病的主要病原。其外形酷似臭虫，通体透明呈青白色，体长一般在 3~4 mm，繁殖旺季为 4—8 月。鱼虱的腹面布满倒刺，这些倒刺不仅帮助它们在鱼体表面自由爬行，还能刺入鱼体组织，吸取血液与体液，对鱼体造成直接伤害（图 3-50）。

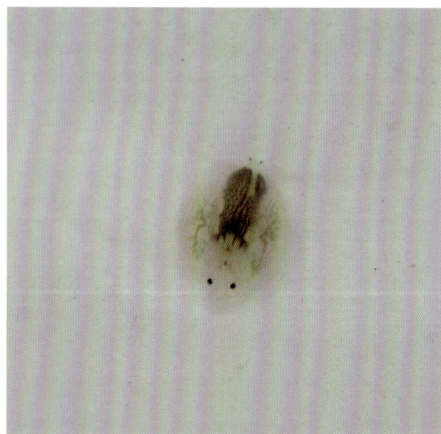

图 3-50 鱼虱显微镜照片（4×10 倍镜）

（二）流行情况

鱼虱病流行于春末夏初和秋季水温较高的时期，一般为5—10月，主要危害淡水鱼类。当水温在25~30 ℃时，该病暴发最为严重，可迅速在养殖池中传播，感染率可高达100%。

（三）主要症状

鱼虱病的主要病理症状体现在鱼体的行为异常和生理变化上。当鱼体被鱼虱寄生时，可见扁圆形的虫体在鱼体上爬行或叮咬，形成众多伤口。这些伤口不仅导致鱼体发炎、溃疡，还容易继发细菌性和真菌性感染，如赤皮病和水霉病。病鱼感染该病后常表现出极度焦躁不安、跃出水面、急剧狂游，或靠池壁摩擦、翻滚等异常行为。随着病情的加重，病鱼逐渐消瘦，食欲下降，游动无力，最终可能导致死亡。

（四）防治方法

（1）放养前每亩用250~300 kg生石灰带水清塘，以杀灭寄生虫幼虫和中间宿主。

（2）鱼苗放养前需细致检查，一旦发现鱼虱寄生，以0.5~0.7 g/m³晶体敌百虫溶液浸泡15~30 min，可有效预防。

（3）流行季节，在投饵台用晶体敌百虫挂袋，连挂3~5 d，可有效预防鱼虱、锚头鳋等甲壳类寄生虫。

（4）养殖期间，应定期监测鱼体健康，发现病害，晴天上午用晶体敌百虫0.7 g/m³全池泼洒，每天1次，连用2 d。

（5）使用4.5%的氯氰菊酯溶液0.02~0.03 g/m³全池泼洒，严重时需用2次。

（6）晴天上午使用50%辛硫磷溶液全池泼洒，使其在水体中浓度达0.04 mL/m³。

注意事项：

（1）鱼虱可刺破皮肤在寄生处形成伤口，易继发感染细菌，因此杀虫后需及时泼洒消毒剂，促进伤口愈合。

（2）晶体敌百虫使用前需充分溶解。

（3）加州鲈、鳜鱼对敌百虫较敏感，正常剂量就可能导致中毒甚至死亡，故需谨慎使用敌百虫治疗这两种鱼类的寄生虫病。

🍀第五节　真菌性疾病的防治

一、水霉病

（一）病原

水产动物中发现的水霉病原有 10 多种，最常见的是水霉和绵霉 2 个属的真菌。水霉菌丝为无横隔的管形多核体，分为内菌丝和外菌丝。内菌丝分枝多而纤细，深入组织内部，起营养吸收作用；外菌丝分枝少而粗壮，伸出体外，可长达 3 cm 左右，常在动物体表形成灰白色絮状物。环境条件不良时，外菌丝末端生出分隔并形成厚垣孢子；环境适宜时，厚垣孢子重新萌发成菌丝或形成动孢子囊（图 3-51）。

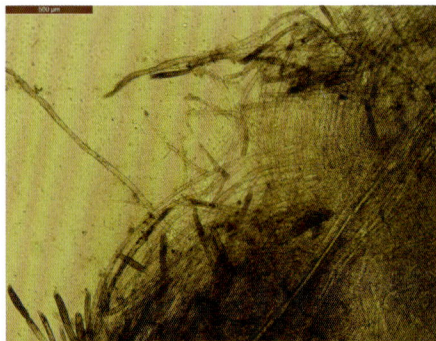

图 3-51　寄生于刀鲚体表的水霉菌丝显微镜观察

（二）主要症状

病鱼患病初期无明显肉眼可见的临床症状。患病严重时，水霉菌丝侵入肌肉，同时向外长出肉眼可见的白色絮状物，俗称白毛病。病鱼游动缓慢，食欲减退，最后缓慢衰竭死亡（图3-52和图3-53）。

图3-52　刀鲚背部感染水霉

图3-53　鲤鱼背部感染水霉

（三）流行情况

水霉病是淡水养殖中最常见的真菌性疾病之一，全国各个养殖区都有流行。水霉病一年四季均可出现，在低水温条件下，尤其在15~20 ℃最易发生。水霉广泛存在于淡水水域中，没有种的选择性，可以感染所有水产动物，从鱼卵到各个年龄阶段的鱼都可感染。水霉病有腐生性、继发性感染的特点，常在鱼体受伤、有机物的条件下暴发流行，在死卵和死鱼上繁殖得特别快。

（四）防治方法

（1）放养前清除过多淤泥，并使用生石灰彻底清塘、消毒。

（2）避免鱼体受伤，定期检查体表和鳃上是否有寄生虫或其他因素引起的损伤，及时处理，防止继发感染水霉。

（3）用食盐水与小苏打混合剂浸泡病鱼，每立方米水体用食盐和小苏打各 400 g。

（4）每千克鱼体重用五倍子 0.1 g 拌饲料投喂，每天 2 次，连投 5~7 d。

二、鳃霉病

（一）病原

鳃霉病的病原是鳃霉菌，菌丝无隔，粗直而少弯曲，通常是单枝延长生长，菌丝直径为 20~25 μm，孢子的直径为 7.4~9.6 μm，平均为 8 μm。菌丝分枝很少，不进入血管和软骨，仅在鳃小片的组织上生长。

（二）主要症状

鳃霉病是由鳃霉菌侵入鳃部而引起的。病鱼游动缓慢，呼吸困难，食欲减退，鱼体浮于水面或在池边漫游，而体表无其他明显变化。临床检查可见鳃丝肿胀，鳃上黏液增多，上有出血或淤血斑点，局部区域缺血，使得鳃呈现大理石样外观花鳃症状（图3-54）。剪下少许腐烂的鳃丝，在显微镜下观察，如果有分枝状的菌丝存在，便可确定此病。

鳃霉病诊断时，注意区分黑色素细胞与鳃霉菌丝（图3-55）。目前，多数鳃霉病的诊断错误是把显微镜下见到的黑色素细胞都当作鳃霉菌，鳃霉菌丝与黑色素细胞有显著区别。当鱼类在患病状态、亚健康状态或者在各种应激状态下，都能在显微镜下见到鳃丝上有大量的黑色素细胞（图3-56），但这种情况下它主要分布在鳃丝基部，有时肉眼可见鳃丝基部发黑，当鱼类恢复健康以后或者应激因素消失以后，在显微镜下也见不到色素细胞。

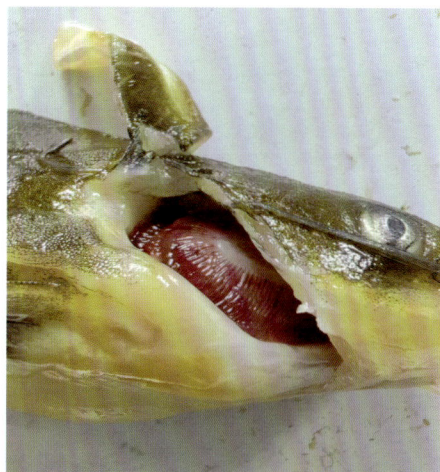

图 3-54　黄颡鱼感染鳃霉，鳃呈花鳃状

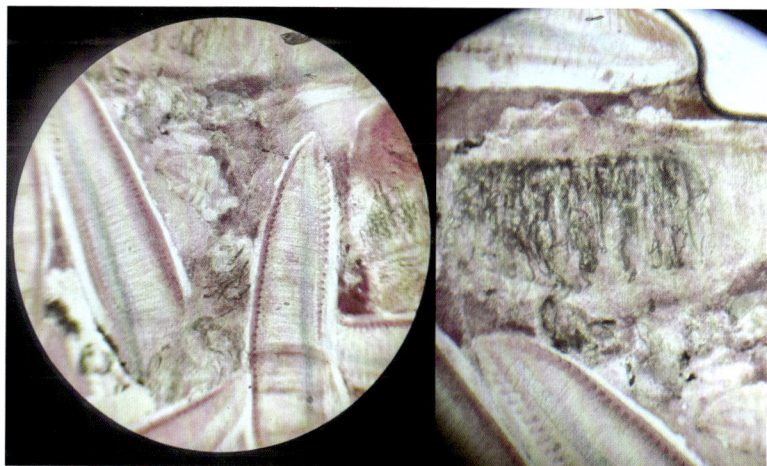

图 3-55　黄颡鱼鳃霉菌丝（10×4 倍镜和 10×10 倍镜）

图 3-56　草鱼鳃上的黑色素，是鳃上发生炎症，
非鳃霉菌丝（4×10 倍镜）

（三）流行情况

我国的广东、广西、湖北、江苏、辽宁等地都有该病流行。该病常在 4—10 月发生，6—7 月为流行盛期。辽宁地区养殖鱼类常在 4 月开始暴发该病。鳃霉可感染多种淡水鱼，鲤鱼、鲫鱼、鳙鱼、鲮鱼、黄颡鱼、鲇鱼和青鱼受害严重，大小鱼都可发生，对鱼苗、苗种的危害较大。在有机质含量很高的发臭池塘，鱼体抵抗力下降，最易患此病。此时一旦发病，可快速扩散，发病率可达 70%～80%，死亡率可高达 90%，危害甚为严重。

（四）防治方法

鳃霉病目前尚无有效手段治疗，一旦暴发会导致鱼类大量死亡，因此必须做好预防工作。

（1）放养前彻底清除过多淤泥，使用生石灰彻底清塘、消毒。

（2）加强饲养管理，增强鱼体抵抗力，疾病流行季节定期加注新水，泼洒聚维酮碘溶液等进行水体消毒，以防水质恶化。

（3）发现此病后，应迅速加注新水，或将鱼转移到水质较瘦的池塘。

（4）一旦发病，应及时减料或停料，捞出病、死鱼，防止病原继续扩散。

（5）用漂白粉 1 g/m^3，全池遍洒。

（6）全池泼洒五倍子，使池水呈 6~8 g/m^2 浓度（即每亩每米水深使用 4~5 kg），每天 1 次，连用 3~5 d。

第四章　智慧渔业发展现状
与应用案例

　　2016 年，农业部出台的《农业部办公厅关于加快推进渔业信息化建设的意见》把"着力创新智慧渔业模式"列为重点工作。2020 年，农业农村部与中央网络安全和信息化委员会办公室发布《数字农业农村发展规划（2019—2025 年）》，明确提出了要发展"渔业智慧化"，用数字化引领驱动农业农村现代化，为实现乡村全面振兴提供有力支撑。2021 年 11 月，农业农村部印发了《"十四五"全国渔业发展规划》，提出了"发展智慧渔业。加快工厂化、网箱、池塘、稻渔等养殖模式的数字化改造，推进水质在线监测、智能增氧、精准饲喂、病害防控、循环水智能处理、水产品分级分拣等技术应用，开展深远海养殖平台、无人渔场等先进养殖系统试验示范"相关措施。在此背景下，以物联网为核心技术的智能养殖（管理）装备大批涌现，渔业现代化的内涵有了新的发展，即由机械化、自动化向智能化转变。

　　目前，辽宁淡水养殖以池塘养殖模式为主，养殖装备处于全国平均水平，智能化水平较低。基于物联网技术发展"智慧渔业"符合国家政策导向，且提高渔场智能管理水平，利于减少能源、人力成本投入，符合国家"绿色发展"理念。本章将结合实际案例，介绍智慧渔业的原理及在水产养殖中的应用。

🍀 第一节　智慧渔业的概念与应用现状

一、智慧渔业的概念

智慧渔业是指利用物联网、人工智能、大数据、卫星遥感等高科技手段，在渔业生产、管理和保护各环节中实现信息化管理和数字化控制，提高渔业生产效益和资源利用效率的过程。智慧渔业集成了传感器、人工智能、实时通信和大数据分析等多项技术。基于"互联网+"思维，智慧渔业可分为基础信息数据化、渔业生产智慧化、加工流通智慧化和服务管理智慧化4个方面19个领域。智慧化发展是大势所趋，智能家居、智能农场、智能交通等都是把先进计算机技术、传感器（智能硬件设备）、通信传输技术和数据处理技术等有效集成，构成一个"物物相联"的管理系统，有效提升管理水平和智能化水平（如图4-1）。

二、智慧渔业国内应用现状

2011年，我国首个物联网水产养殖示范基地在江苏建成，示范基地整合了网络监控设备、传感设备和通信设备，实现了远程增氧、智能投喂、预报预警等自动控制。2012年，全国水产技术推广总站开发了水生动物疾病远程辅助诊断系统，为基层养殖户提供在线的病害防控技术咨询。2015年，山东组建了当时全国规模最大、分布最广、参数多样的实时在线海洋牧场监测网，实现了监测区域"可视、可测、可预警"和数字化管控。近年来，湖南、江苏和浙江等省走在智慧渔业应用的前列，其中湖南和浙江

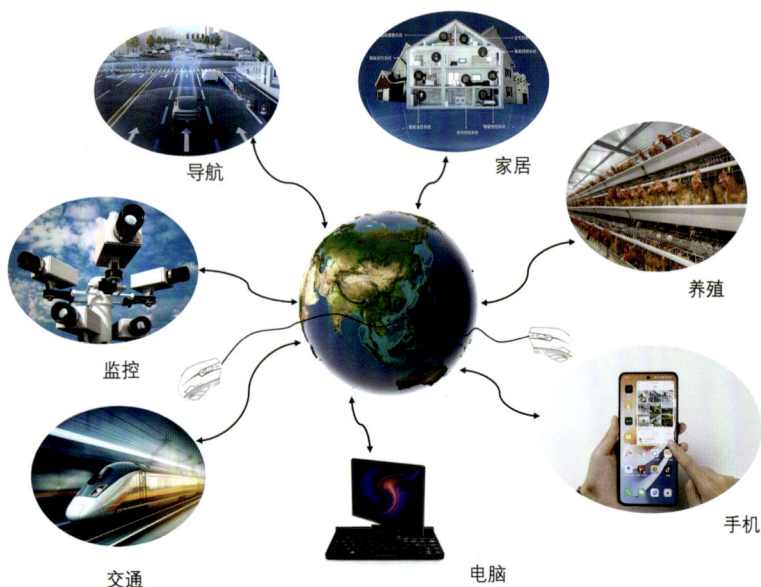

图 4-1　无处不在的物联网

两省的智慧渔业主要以监测、控制和预警为主，江苏省的智慧渔业以养殖、捕捞为主。

目前，智慧渔业在水产养殖生产环节的应用主要有以下 4 种形式：①对养殖水环境指标（如水温、溶解氧、pH 值、氨氮、亚硝酸盐氮）和气象指标（如气压、气温、干湿度、风力、风向）的监测（图 4-2）；②养殖区域管理监控，包括重要区域的安全监控，如库房、办公场地、孵化车间、场区出入口等视频监控；③储运、加工和流通环境的监控，如对养殖产品的生产、加工、销售过程进行全程跟踪，用于溯源管理；④投入品监控，如对饲料物质的消耗、使用进行统计和监管。

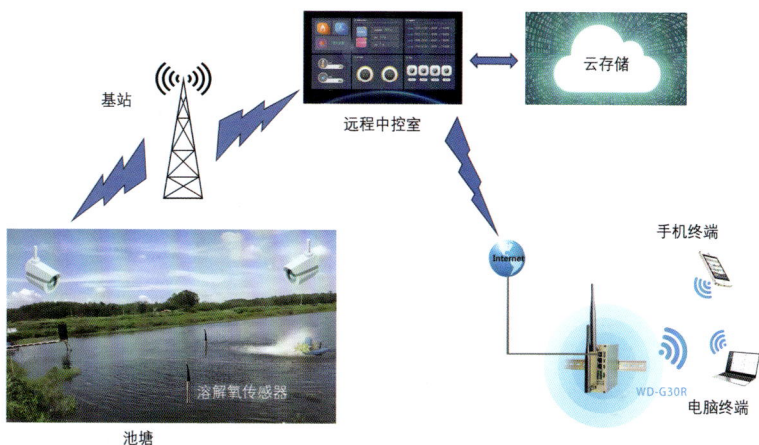

图4-2　智慧渔业系统用于池塘养殖的示意图

三、智慧渔业系统的优势

与传统的水产养殖管理模式相比，智慧渔业系统具有以下优势。

（1）可远程。只要有网络的地方，就可以远程实时了解池塘溶解氧、场区环境、养殖对象摄食情况，并可远程操控增氧机、摄像头等设备。此外，大部分系统提供池塘倒藻、翻塘的预警功能，管理者可根据系统预警提前采取措施。

（2）降能耗。增氧机在智能管理系统的控制下，可以根据系统预设值自行开关，既保证了池塘溶解氧需求，又减少了能源消耗。

（3）省人工。据统计，使用智能管理系统后，一般渔场可减少1~2人的人工使用。降低成本的同时，也避免了漏忘、误判等人为因素造成的浪费或损失。

此外，池塘实现了智能增氧，保障了池塘溶解氧处于合理水平，降低了缺氧风险，提高了饵料系数，减少了药品投放，增加了产量，等等，使养殖收益大增（图 4-3）。

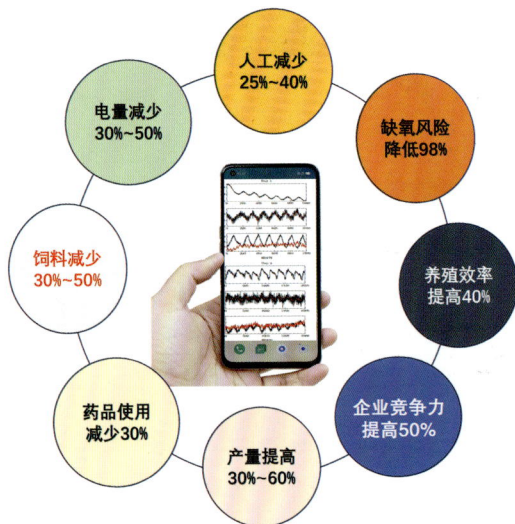

图 4-3　智慧渔业在渔业生产环节中的 8 大优势

🍀 第二节　养殖生物对于溶解氧需求及增氧机的使用

　　水中溶解氧是重要的监测指标，增氧机是保障溶解氧供给的重要机械。对于水产养殖而言，增氧机又被称为"增产机"，尤其是高密度、集约化养殖模式对于溶解氧水平的要求更高。由于不同养殖对象对低氧耐受性存在差异，不同养殖生物对于溶解氧水平的要求有所不同。现就溶解氧的来源与消耗、增氧机的选择及使用简单介绍如下。

一、水体溶解氧的来源与消耗

养殖池塘溶解氧的来源主要有 3 个途径。①空气中氧气的扩散。主要受气压、温度、盐度等因素影响。水体中溶解氧和空气中溶解氧处于动态平衡状态，空气中氧的含量相对稳定，如果气压正常，水体溶解氧较低，空气中的氧将扩散到水体中；反之，水体溶解氧含量较高，水中溶解氧将溢出至空气中。此部分氧气占水中溶解氧来源的 4%~8%。②水中的浮游植物光合作用产氧。水中的藻类植物利用太阳能，把二氧化碳和水转化成葡萄糖，同时释放氧气，此过程称为光合作用。此部分氧气约占水中溶解氧来源的 80%~85%。③外源性带入。如加注水、设备增氧（增氧机、涌浪机、底层纳米增氧等）、化学增氧（过氧化物增氧）等（图 4-4）。

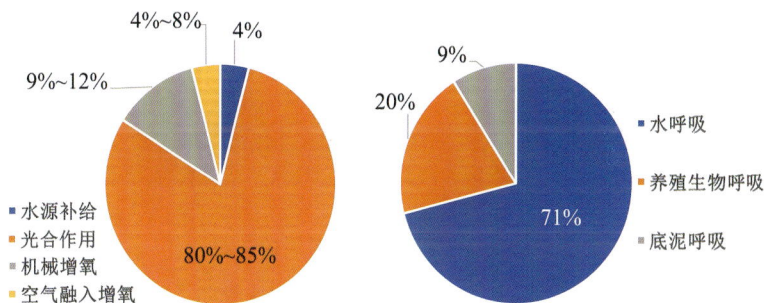

图 4-4　池塘溶解氧来源（左）与消耗（右）

池塘溶解氧的消耗主要有 3 个方面。①水呼吸，指的是水中浮游植物的光合作用、浮游动物呼吸、细菌呼吸及细菌对有机质降解作用耗氧，此部分消耗的氧气约占水中溶解氧消耗的 71%。②养殖生物呼吸，如鱼、虾、蟹、贝等呼吸耗氧，此部分消耗的氧气约占水中溶解氧消耗的 20%。③底泥呼吸，指的是底泥有机质的矿化过程中耗氧和底泥微生物的呼吸耗氧，此部分消耗的氧气约占水中溶解氧消耗的 9%（图 4-4）。

二、水体缺氧对养殖生物的影响

水中溶解氧处于较低水平且尚未达到窒息点时，养殖生物主要表现：①食欲下降，饵料系数增高，生长缓慢；②体质下降，发病率增高；③水质变差，有害物质增多。如果水中溶解氧达到窒息点时，轻则浮头，重则翻塘。一般情况下，鱼类窒息点在 0.5 mg/L 左右，低于此值，极有可能致死；当溶解氧水平处于 0~1.8 mg/L 时，养殖生物仅能勉强存活，处于浮头状态或暗浮头状态，时间持续较长有死亡危险；溶解氧处于 0.5~3.7 mg/L 时，养殖生物可以摄食，但饵料利用率低，生长慢；溶解氧大于 3.7 mg/L 时，养殖生物生长状况良好。养殖实践中，水中溶解氧需要保持在 5 mg/L 以上的水平（图 4-5）。

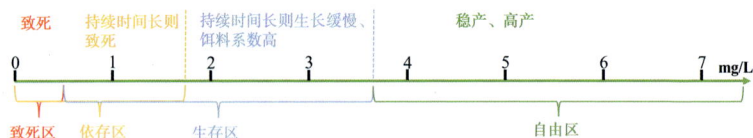

图 4-5 养殖生物对溶解氧的依赖

三、常见鱼类对溶解氧的需求

不同鱼类对溶解氧需求存在差异，一般鱼类溶解氧需求在 5 mg/L 以上，水中溶解氧在 1 mg/L 左右时就会有浮头现象，低于 0.5 mg/L 时就会出现窒息。常见鱼类对水中溶解氧量的适应情况见表 4-1。

表 4-1　常见鱼类对水中溶解氧量的适应情况

种类	适宜范围/(mg·L⁻¹)	开始浮头/(mg·L⁻¹)	窒息死亡/(mg·L⁻¹)
鲤	5~8	1.5	0.3
鲫	4~5	1	0.1
鳙	4~8	1.55	0.4
鲢	5.5~8	1.7	0.6
草鱼	5~8	1.6	0.6
青鱼	5	1.6	0.6
团头鲂	5.5~8	1.7	0.6
罗非鱼	6~9	1.5	0.2
鳜鱼	6~8	1.5	0.8
鲶	5~8	1.6	0.3
黄颡鱼	5~8	1.5	0.4
泥鳅	5	1.2	0.5
台湾泥鳅	5~8	1.2	0.3

四、增氧机的选择和使用

增氧机是增加水体溶解氧、改善水质的重要机械，也是池塘养殖的必备设备。常见增氧设备有叶轮式增氧机、水车式增氧机、涌浪机、微孔底部增氧机、射流式增氧机。不同增氧设备的增氧效率、优缺点及用法如表 4-2 所列。

表4-2 常见增氧机类型及优缺点

增氧机类型	作用范围/m	作用水深/m	增氧效率/(kg·kW⁻¹·h⁻¹)	优点	缺点	常见用法
叶轮式增氧机	20	3	1.63	搅水和曝气效果突出	增氧范围小	池塘单独使用或配合其他器械使用
水车式增氧机	40	1.5	1.57	推动水体流转，均衡水质	垂直增氧和曝气效果较弱	配合叶轮式增氧机使用
涌浪机	30	2	2.65（晴天）	改底能力强	破坏塘底结构，阴雨天气不能用	配合叶轮式增氧机使用
微孔底部增氧机			3.5	底层增氧效率高	搅水曝气能力相对差	车间常用，室外配合其他器械使用
射流式增氧机	40（单向）	1.5	1.53	水平增氧效果好，不伤鱼	作用范围相对小	饵料台附近局部增氧

❀ 第三节 辽宁省淡水水产科学研究院智慧渔业应用案例

2018 年，辽宁省淡水水产科学研究院（以下简称省淡水院）在辽宁省海洋与渔业厅的资助下，本着先行先试的原则为试验场购置了水质在线监测和视频监控设备，并将两套设备进行了整合，形成一套完整的渔场智能管理系统，利用手机 App 终端可以随时获取池塘溶解氧、温度指标及查看场区关键区域，对渔场实现了可视、可控、可管的智能化管理。现就设计、安装、维护及应用实践介绍如下。

一、系统的设计与布局

通过实际考察和多方咨询，省淡水院与南京禄辉物联科技有限公司（以下简称南京禄辉）达成合作协议。南京禄辉根据省淡水院要求为试验基地量身打造了一套智能管理系统，包括池塘智能增氧系统、场区视频监控系统、天气信息和市场信息 4 个模块。省淡水院试验基地占地 373 亩，大小池塘 34 个。购置"鱼儿乐"主机 17 台（1 台主机可以连接 2 个溶解氧探头、控制 2 台增氧机）、溶解氧探头 34 个。购置摄像头 24 个，主要安装在办公区、孵化区、育种平台、库房及场区大门等关键位置（图 4-6）。同时，在场区的中控室配套了硬盘录像机、电脑、展示大屏等设备，用于存储、展示监测数据和视频资料（图 4-7）。

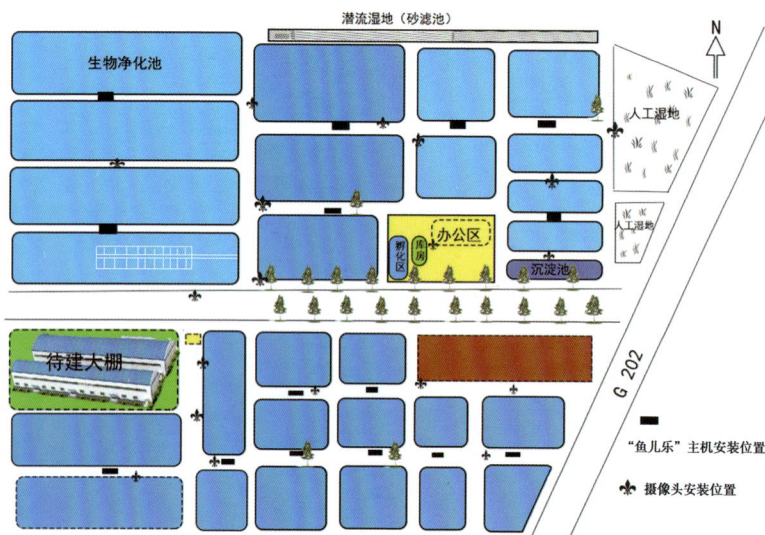

图 4-6　省淡水院试验基地平面图及设备安装示意图

图 4-7　省淡水院试验基地智慧渔业工作界面

二、池塘养殖设施配备

一个池塘配置标准如下：1.5 kW 节能增氧机 2 台、涌浪机 1 台、射流式增氧机 1 台、投饵机 1 台、增氧机控制主机 1 套（包括溶解氧探头、电缆）、微电脑时控开关 2 台。具体操作如下：1 台节能增氧机由控制主机自主控制开启和关停；投饵机与射流式增氧机（给投饵区实施局部增氧）由 1 台微电脑时控开关控制，投饵机启动时，射流式增氧机同时启动并为投饵区增氧；涌浪机由 1 台微电脑时控开关控制（阴雨天气人工关停），在夏季晴朗天气的 13—15 时开启；1 台节能增氧机作为备用增氧机或应急增氧机，采用人工控制，根据池塘溶解氧情况、天气变化适时开启（图 4-8）。

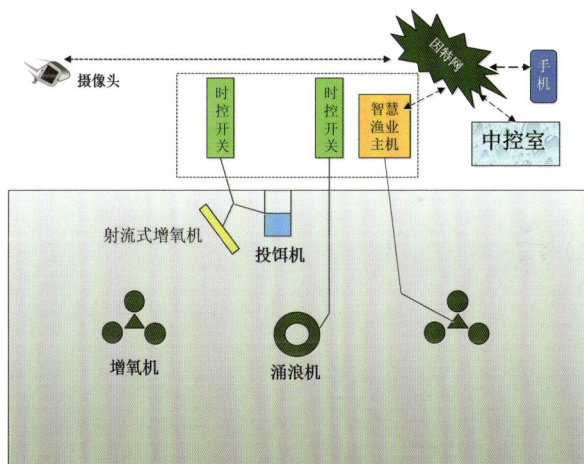

图 4-8 池塘增氧、投饵设备连接示意图

三、系统的安装

（一）增氧机智能控制系统安装

为每个控制主机配置 1 个 600 mm×500 mm 的配电箱，放置主

机、微电脑时控开关、接触器、带漏电保护器的三相开关和两相开关等（如图 4-9）。把溶解氧探头和接触器连接到控制主机的指定位置，插入电话卡（连接网络用），设置溶解氧的上下限：如溶解氧低于 5 mg/L 时，增氧机启动；溶解氧高于 7 mg/L 时，增氧机关停；溶解氧高于 20 mg/L，开启增氧机曝气。涌浪机、投饵机和射流式增氧机的启停由微电脑时控开关控制，根据说明书设置相关参数，一般时控开关提供 10 个时间段的启停设置，足以完全满足用户的生产需求。

图 4-9　池塘配电箱的安装图

溶解氧探头要求安装在水面以下 40 cm 处，距离增氧机 7 m以上距离。探头水平放置，前端背光，防止藻类滋生（图 4-10）。为及时清除探头前端的污物或藻类，探头配有智能毛刷，定期刷洗探头，省时省力，只需更换电池即可（一般 1 个月更换 1 次电池）。

（二）视频监控系统安装

省淡水院试验基地安装的视频监控系统包括摄像头、配电箱、网络硬盘机、展示屏、电脑等，开始使用网桥连接，优势在于无线连接、安装方便（图 4-11）；劣势在于易受气候干扰、IP

地址容易冲突，造成信号中断或延迟。运行 1 个月后，信号中断、延迟现象频发，后经升级改造为"光纤+网线"模式连接，有线连接优势是信号稳定，劣势是成本相对较高，需要架线布设（图 4-12）。

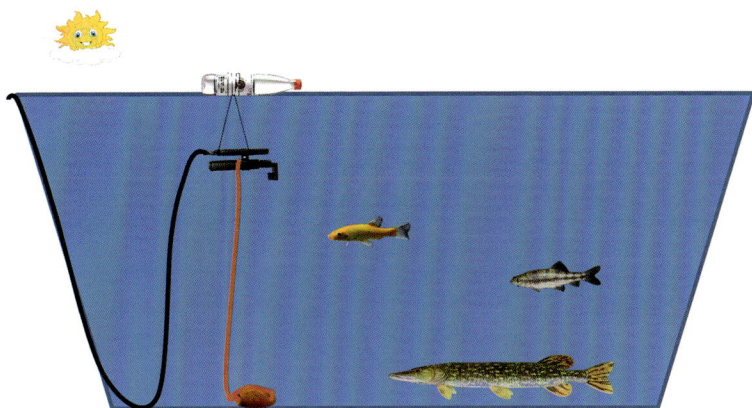

图 4-10　溶解氧探头的安装示意图

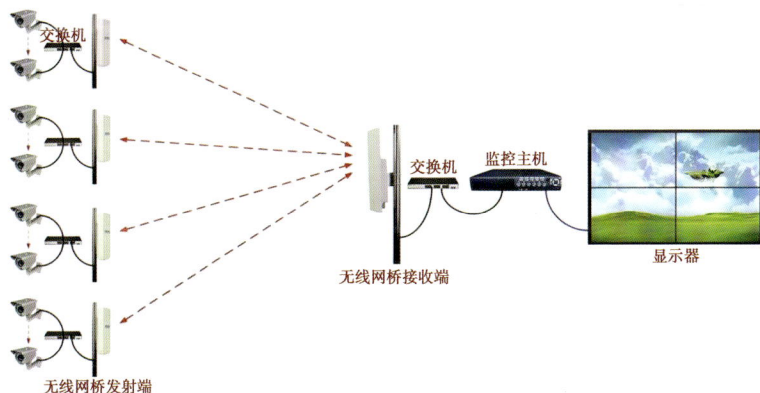

图 4-11　摄像头无线连接示意图

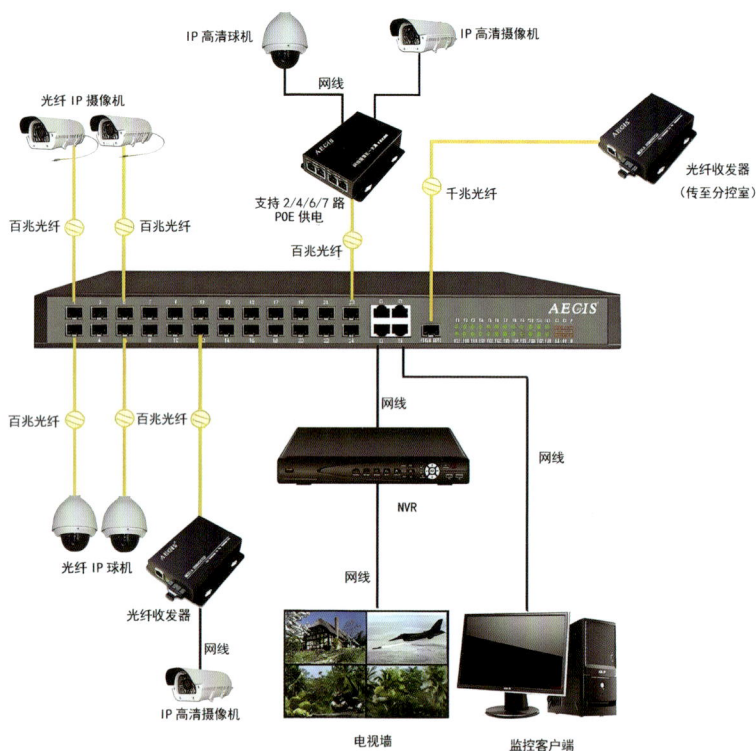

图 4-12 摄像头"光纤+网线"有线连接示意图

四、系统维护

（一）增氧机智能控制系统的维护

增氧机智能控制系统需专人维护，维护项目主要包括清洗溶解氧探头（长时间浸泡在池塘里，探头容易滋生藻类或吸附污垢）、溶解氧值校正（极少用到）、通信网络维护。该系统需借助 4G 网络进行数据传输和远程控制，因此每个控制主机配备 1 个 SIM 卡，这样需要为每个 SIM 卡缴纳电话费，数据流量要求在每月 200 M 以上即可。在高密度池塘使用该系统时，建议在系统外安装 1 台备用或应急增氧机，以防止当系统失灵等小概率事件发生时及时启动备用增氧机，而不至于发生翻塘事故。同时，备用增氧机亦可与时控开关相连，通过设定开关时间来自动启动、关停，以减少人力投入。

（二）视频监控系统的维护与运行

当前有线连接的视频监控系统技术较为成熟，视频信号缺失、中断常由光纤收发器出现故障引起。发现某个摄像头缺失时，需要检查该路光纤是否中断或该组光纤收发器是否存在故障。此外，视频监控系统的视频数据通过硬盘的循环录制进行存储，存储时间的长短由硬盘大小决定，一般情况下需配置容量在 1 T 以上的硬盘。

五、物联网在水产养殖应用中存在问题

尽管物联网技术在水产养殖领域具有很大的应用空间和很好的应用前景，但也存在诸多限制性因素。

（一）成本因素

目前，市售国产的溶解氧传感器价格在 1800 元（电化学法）到 3000 元（荧光法）不等（进口的探头一般上万元 1 个），与之配套的主机一般在 1500~2500 元；市售的带夜视功能的摄像头价格在 500~1000 元；加上硬盘刻录机、电脑、网线、电缆等硬件设备，保守估计 100 亩左右的小型渔场的初装费用在 8 万~12 万元，再加上场区联网和主机通信所用的电话卡年费（估计在 3000 元左右），这对于一般养殖户来讲，安装成本过高，难以承受。

（二）维护运行因素

尽管每个厂家都会提供后台维护和现场培训服务，但是用于水质监测的探头、手机 App 终端的更新等需要管理者自己维护。以相对成熟的溶解氧监测探头为例，市售的探头虽已从基于电化

学法（覆膜电极）发展到荧光法，维护难易程度有所降低，但仍需要定期清理探头前端的藻类、污泥，以免影响测得数据的准确性。这需要有一定教育背景和学习能力的人才能胜任，一般养殖户认为"费时费力"，造成了"系统安装后，省电不省力"的假象。

（三）硬件因素

目前，溶解氧探头和温度探头已大规模用于水质在线监测，但 pH 值、氨氮和亚硝酸盐监测探头因造价高、易损耗等问题还未能大规模普及。传感器设备造价相对较高，限制了其在在线监测系统中的大规模应用，这也使得在线监测的指标普遍较少。

（四）配套设施因素

物联网技术的应用除硬件外，还需要有"网"加持。偏远地区由于基础设施滞后，网络覆盖面较窄或信号稳定性差，限制了物联网技术的应用。

综上所述，尽管智慧渔业在应用普及上和在成本、维护等方面还有一定的局限性，但随着国家对"节能减排"的重视、人力成本上升压力增加及传感器技术自身不断进化，基于物联网技术的智慧渔业将在未来水产养殖发展过程中大放异彩，水产养殖实现自动化、智能化、智慧化指日可待。

参考文献

[1] 徐伟,耿龙武,姜海峰,等.淡水鱼类人工繁育技术要点[J].水产学杂志,2018,31(5):40-43.

[2] 李海洋,张辉,郝辉.鲤鱼、鲫鱼、团头鲂的人工繁殖[J].畜牧与饲料科学,2010,31(5):60-61.

[3] 赵红雪,邱小琼.北方春季低温条件下养鱼池塘轮虫培养的研究[J].宁夏农学院学报,2003(3):26-30.

[4] 张喜贵.雅罗鱼池塘生态养殖技术[J].黑龙江水产,2006(4):6-7.

[5] 黄孝湘,张文香,陈金安,等.勃氏雅罗鱼的人工繁殖试验[J].水利渔业,2004(6):36-37.

[6] 郭贵良,李林,郑伟.淡水养殖新品种勃氏雅罗鱼的养殖技术[J].农村百事通,2017(6):38-40.

[7] 刘永奎,王庆,曾伟伟,等.草鱼呼肠孤病毒 JX-0902 株的分离和鉴定[J].中国水产科学,2011,18(5):1077-1083.

[8] 李贤.草鱼呼肠孤病毒 GZ1208 株的分离、鉴定及全基因组序列分析[D].上海:上海海洋大学,2016.

[9] 袁圣,等.鱼病快速诊断与防治彩色图谱[M].北京:化学工业出版社,2023.

[10] 江育林,陈爱平.水生动物疾病诊断图鉴[M].北京:中国农业出版社,2012.

[11] 闻金萱.鲤疱疹病毒Ⅱ型立即早期蛋白 ORF121 与鲫 C-Myc

转录调控因子互作调控病毒感染复制机制的研究[D].上海:上海海洋大学,2022.

[12] 武金星,李红娟,白海锋,等.一例鲤浮肿病的诊断与防治[J].科学养鱼,2022(1):54-55.

[13] 唐绍林,王娟,雷燕,等.初冬谨防越冬鲤鱼的鲤浮肿病,4条防控建议须掌握[J].当代水产,2017,42(12):77.

[14] 陶丽竹,魏文燕,刘家星,等.虹鳟传染性造血器官坏死病分析及防控措施[J].科学养鱼,2023(5):55-56.

[15] 潘延乐.一例虹鳟感染传染性造血器官坏死病毒的诊断及防控方案[J].科学养鱼,2023(12):59-60.

[16] 何亚鹏,刘宁,陈春山,等.一株传染性造血器官坏死病毒的分离鉴定和系统进化分析[J].水产学杂志,2018,31(5):6-9.

[17] 段凯越,赵景壮,任广明,等.基因组Ⅰ型和Ⅴ型传染性胰脏坏死病毒的分离与鉴定[J].大连海洋大学学报,2021,36(5):736-744.

[18] 袁雪梅,潘晓艺,郝贵杰,等.一例异育银鲫(*Carassius auratus gibelio*)暴发性出血病病原分析[J].海洋与湖沼,2019,50(4):913-920.

[19] 韩军军,陈朋,封永辉,等.一例淡水鱼细菌性败血症的诊断和防治[J].科学养鱼,2024(1):62.

[20] 李继勋.鱼病防治关键技术及实用图谱[M].北京:中国农业大学出版社,2014.